国外城市建设译丛

水和废水臭氧氧化
——臭氧及其应用指南

［德］克里斯蒂安·戈特沙克　尤迪·利比尔　阿德里安·绍珀　著

李风亭　张冰如
张善发　朱志良　译

中国建筑工业出版社

著作权登记图字：01-2003-1275号

图书在版编目（CIP）数据

水和废水臭氧氧化——臭氧及其应用指南/[德]克里斯蒂安·戈特沙克等著；李风亭等译.
—北京：中国建筑工业出版社，2004
（国外城市建设译丛）
ISBN 7-112-06241-1

Ⅰ.水… Ⅱ.①戈… ②李… Ⅲ.①臭氧-应用-水处理
②臭氧-应用-废水处理 Ⅳ.①TU991.2②X703

中国版本图书馆CIP数据核字（2003）第115606号

责任编辑　刘爱灵
责任设计　崔兰萍
责任校对　黄　燕

G. Gottschalk, J. A. Libra, A. Saupe
under the title "Gottschalk, Libra, Sauper: Ozonation of Water and Waste Water". Copyright © by WILEY-VCH Verlag GmbH & Co. KGaA-2002
Ozonation of Water and Waste Water
A Practical Guide to Understanding Ozone and its Application
Chinese translation copyright © 2004 by China Architecture & Building Press All rights reserved

国外城市建设译丛
水和废水臭氧氧化
——**臭氧及其应用指南**
[德]克里斯蒂安·戈特沙克　尤迪·利比尔　阿德里安·绍珀　著
李风亭　张冰如
张善发　朱志良　译

＊

中国建筑工业出版社出版、发行（北京西郊百万庄）
新　华　书　店　经　销
北京嘉泰利德公司制作
北京建筑工业印刷厂印刷

＊

开本：787×1092毫米　1/16　印张：11¾　字数：236千字
2004年5月第一版　2004年5月第一次印刷
定价：**24.00**元
ISBN 7-112-06241-1
　　TU·5503（12255）

版权所有　翻印必究
如有印装质量问题，可寄本社退换
（邮政编码100037）
本社网址：http://www.china-abp.com.cn
网上书店：http://www.china-building.com.cn

译者前言

2001年底去德国从事水化学研究，在柏林工作期间有幸看到了刚刚出版的"Ozonation of Water and Waste Water——A Practical Guide to Understanding Ozone and its Application"，这使我感到很兴奋。20世纪90年代国内曾经有过一本臭氧的译著，但一直没有关于臭氧在水处理方面的专著问世，实在令人遗憾。随着国内经济和环保事业的迅速发展，以及人们对饮用水消毒副产物的担心，人们更加关注水安全问题。欧洲使用臭氧消毒饮用水已经有100多年的历史，由于臭氧消毒可以避免三卤甲烷类的致癌物，因此臭氧得到了广泛的应用。2000年欧盟已经全面禁止食品加工用水使用氯气消毒。另一方面随着臭氧制备技术的不断进步，臭氧的生产成本也逐渐降低，这两方面的因素必将促进国内臭氧应用范围迅速扩大。因此本书对于广大水处理工作者和环境工程师具有很高的参考价值。我们能有机会翻译这一专著，首先应感谢柏林工业大学J.A.Libra教授及德国Wiley出版公司Claudia Rutz女士，同意并支持我们的工作。

译者于
同济大学环境科学与工程学院
2003年9月

序 言

  水体中化合物的臭氧氧化是一个复杂的过程，其机理非常复杂，且影响因素众多，但是开发经济合理的饮用水和废水处理方法是完全可行的。为了充分利用这种潜力，有必要了解影响氧化过程的因素，以及各种因素的重要性和作用范围。

  由于臭氧氧化与系统密切相关，在多数工业应用前，要首先进行实验室实验。因此臭氧氧化处理系统的设计人员、制造人员、研究人员，以及可能的工业生产运行人员，不仅要知道臭氧氧化的机理，而且要知道如何进行实验，以便可以对于实验结果进行解释、推演和应用。

  现有的多数书籍只是集中论述饮用水或者废水的处理，而很少同时考虑两者或解释两者的本质区别。只有极个别的书涉及到如何进行臭氧氧化实验。

  这本指南填补了这一空白。它包含了很多研究人员、教师和臭氧系统开发人员在实验设计、制作、解释和应用方面中积累的经验；它来源于饮用水和废水的长期实验室研究、文献评述、与主要专家的讨论、令人百思不解的反馈问题和作者深思熟虑的经验；它可以为读者在避免常见错误和免除不必要的工作方面提供实际帮助。

  本书不仅适用于当前在工业界和研究领域中应用臭氧氧化技术，并希望优化其系统的专业人员，也适应于刚刚开始从事臭氧氧化工作的学生。目前虽然关于臭氧氧化的文献有很多，但是一方面由于其专业程度太深，对初学者的实际应用价值非常有限，另一方面由于其范围太广、内容分散也不适于高级研究人员。

  这本实用指南用简练的文字、表格和图片评述了当前大家关注的理论问题和有关结论，并附有重要的辅助性参考文献。它不仅包含了初学者入门所需的足够知识，并且可以很快将更详细的内容介绍给高级读者。

本书结构

本书包含两部分：A 部分是臭氧氧化概述，B 部分是臭氧的应用。A 部分旨在提供臭氧氧化的一般背景，简要地回顾了臭氧的毒理、反应机理和臭氧氧化的工业应用，这为其实验研究和应用奠定了基础。B 部分旨在提供一些如何进行实验和应用的信息。这部分首先讨论了如何进行实验设计、所需设备、分析方法和数据评估，然后探讨了进行上述工作所需的理论基础。其目的在于涵盖臭氧氧化的基本知识，以便为实际应用打下坚实的基础；这部分还包含了大量参考文献，以便读者可以更深入地研究臭氧氧化特性。B 部分最后讨论了臭氧氧化与其他处理过程的组合问题。

引 言

在第三个千禧年来临之际，特别是当人们遇到诸如如何生产臭氧、臭氧与水有什么关系这类令人疑惑不解的问题时，在柏林编写一本关于臭氧在水处理中应用的书让作者感到十分欣慰，因为大约150年前，西门子（Siemens）就是在这个城市发明了第一台臭氧发生器。本书的目的就是澄清臭氧生产和在水处理应用中的疑问。

臭氧可以气态或溶于水的形式存在。现在有大量文献涉及到气态臭氧。例如，在大气层中对人类有益的臭氧层正在减少，导致更多有害紫外线辐射由太阳到达地球。同时，媒体提醒我们，晴天时空气中浓度过高的臭氧对人体和环境都是不利的。如果不清楚不同场合中臭氧的影响，就很容易混淆臭氧是有利还是有害的。一般认为直接暴露于臭氧中对人体是有害的。

再来看臭氧与水的关系。最近一项报道表明，按照通常的理解，纯水只包含98.1%的水（Malt，1994）。虽然水污染还没有引起水源成分发生这样巨大的变化，我们已经使得很多对人体健康和自然环境有不利影响的物质进入天然水循环体系。因此我们必须通过额外的水处理工艺生产饮用水，以满足日常需要。同时为了防止更大的污染，我们必须处理废水和修复污染的地下水。在这些领域臭氧就可以发挥作用。由于一般没有有害的终端产物或副产物形成，也没有二次污染产生，所以臭氧能够氧化许多污染物，而不影响环境。很遗憾我们现在无法利用所呼吸空气中的较高浓度臭氧（大于 $240\mu g/m^3$），不得不消耗大量能源，用空气或纯氧通过臭氧发生器来生产浓度要高百万倍的臭氧（$240g/m^3$）。

第一台臭氧发生器出现150年后的今天，仍有必要编写一本关于如何进行臭氧氧化实验的书，这说明臭氧氧化是一个复杂的课题。现在有一些非常好的参考书和论文，它们解释了臭氧氧化过程、化学反应的基本原理和一些运行参数的作用。然而，大部分文献不是论述饮用水处理，就是论述污水处理，很少同时涉及两者。根据我们个人的经验，很多作者认为污水处理和饮用水处理是相互分离的课题，毫无联系。由于臭氧在生产过程中的应用越来越广泛，不同领域的人员需要了解臭氧的信息，并利用已有的大量应用结果。在饮用水、废水和工艺水处理的基础上，我们希望用本书填补两者之间的信息空缺。

以前文献中很少涉及的另一个方面是如何进行臭氧氧化实验。博士研究生和实验室人员通常很少能得到这些信息，因为这些信息既无法进行科学阐述，也不为某些专家专有。也是这些信息的缺乏促使我们编写本书，使它不仅包括了臭氧的毒理学、反应机理、实际使用方法等基本信息（A 部分：臭氧的概述），也包括如何进行实验的信息，以便能够获得可以解释和推演的结论（B 部分：臭氧的应用）。本书还为实验人员提供了改进实验结果的方法和有关解释文献中结论的方法。在 B 部分每一章节的开篇都说明了必备的简要理论基础，随后再阐述实际的应用过程。通过列出的重要参考文献，读者可以得到更深入的信息。关于臭氧与其他处理过程组合使用的讨论，可以进一步说明如何充分利用臭氧的氧化能力。

参考文献

Malt B（1994）Water is not H_2O, Cognitive Psychology, 27/1, Academic Press, San Diego, USA

作 者 名 录

Christiane Gottschalk　环境工程博士，1987年开始从事臭氧研究，一直在柏林工业大学和ASTeX公司从事饮用水和半导体行业中的臭氧研究和开发工作。
地址：ASTeX GmbH, Gustav-Meyer-Allee 25, D-13355 Berlin, Germany.
cgottschalk@astex.com

Martin Jekel　柏林工业大学水质控制教授，自1976年以来一直从事臭氧氧化和氧化方面的研究，尤其是臭氧/生物活性炭，废水处理高级氧化过程中臭氧微絮凝机理研究。Martin Jekel先生拥有化学工程博士学位，自1988年以来一直担任教授职务。他特为本书撰写了A3部分。
地址：Techische Universität Berlin, Institut Technischen Umweltschutz, Sekr. KF4, Strasse des 17. Juni 135, D-10623 Berlin, Germany.
wrh@itu201.ut.TU-Berlin.DE

Anja Kornmüller　环境工程硕士，首先开始从事两相体系的臭氧氧化研究，以后又从事三相体系研究。担任柏林工业大学德国科学基金会sfb193课题"工业废水的生物处理"的负责人。她撰写了B6.3部分。
地址：Technische Universität Berlin, Sonderforschungsbereich 193, Sekr. KF 4, Strasse des 17. Juni 135, D-10623 Berlin, Germany.
Anja.Kornmueller@tu-berlin.de

Judy Libra 环境工程博士，在柏林工业大学数年从事环境工程教学和研究过程中，积累了丰富的关于臭氧在水处理中应用的经验。目前在 Cottbus 工业大学担任环境工程客座教授。

地址：Technische Universität Berlin, Sekr. MA 5-7, Straße des 17. Juni 135, D-10623 Berlin, Germany.

Judy.libra@tu-berlin.de

Adrian Saupe 环境工程博士，在柏林工业大学和 Fraunhofer Gesellschaft 研究所工作期间，在废水的臭氧氧化和生物降解领域的研究和开发方面积累了丰富的经验。他现在担任 Fraunhofer 管理公司的商务顾问，为创新型小企业提供技术定位咨询。

地址：Fraunhofer Management GmbH, Markgrafenstrasse 37, D-101117 Berlin, Germany.saup@fhm.fhg.de

目 录

A 臭氧概述 ·· 1

1 毒理学 ·· 3
  1.1 背景 ·· 3
  1.2 气相臭氧 ·· 4
  1.3 液相臭氧 ·· 5
  1.4 副产物 ·· 5
  参考文献 ·· 7

2 反应机理 ·· 9
  2.1 臭氧氧化 ·· 9
    2.1.1 间接反应 ·· 10
    2.1.2 直接反应 ·· 12
  2.2 高级氧化过程（AOP） ·· 13
  参考文献 ·· 16

3 工业应用 ·· 18
  3.1 绪言 ·· 18
  3.2 臭氧氧化在饮用水处理中的应用 ···································· 19
    3.2.1 消毒 ·· 19
    3.2.2 无机化合物的氧化 ·· 20
    3.2.3 有机化合物的氧化 ·· 21
    3.2.4 颗粒物去除过程 ·· 23
  3.3 臭氧氧化在废水处理中的应用 ······································ 25
    3.3.1 消毒 ·· 25
    3.3.2 无机化合物的氧化 ·· 26
    3.3.3 有机化合物的氧化 ·· 26
    3.3.4 颗粒物去除 ·· 29
  3.4 臭氧氧化的经济问题 ·· 30
  参考文献 ·· 31

B 臭氧的应用·· 35
1 实验设计·· 37
1.1 影响臭氧氧化的参数··· 37
1.2 实验设计过程·· 41
1.3 臭氧相关数据·· 45
参考文献··· 47
2 实验装置和分析方法·· 48
2.1 与臭氧接触的材料·· 49
2.1.1 中试应用和实际应用材料·································· 49
2.1.2 实验室实验所用材料·· 50
2.2 臭氧的制备·· 50
2.2.1 放电式臭氧发生器（EDOGs）······························ 51
2.2.2 电解式臭氧发生器（ELOGs）······························ 54
2.3 臭氧氧化反应器··· 56
2.3.1 直接供气反应器·· 57
2.3.2 间接供气或者不供气反应器······························· 60
2.3.3 气体分散器类型·· 61
2.3.4 运行模式·· 62
2.4 臭氧检测·· 64
2.4.1 检测方法·· 64
2.4.2 臭氧测定的实际问题·· 69
2.5 安全问题·· 69
2.5.1 废气中剩余臭氧的去除······································ 69
2.5.2 环境空气中臭氧的监测······································ 70
2.6 常见的疑问、难题和易犯的错误······························ 70
参考文献··· 74
3 传质过程·· 78
3.1 传质理论·· 78
3.1.1 单相中的传质过程··· 79
3.1.2 两相间的传质过程··· 80
3.1.3 臭氧的平衡浓度·· 80
3.1.4 双膜理论·· 83
3.2 影响传质的参数··· 84

3.2.1　同步化学反应中的传质 ························· 85
　　3.2.2　传质系数的预测 ································· 87
　　3.2.3　（废）水成分对于传质的影响 ··················· 89
3.3　传质系数的测定 ·· 91
　　3.3.1　无传质增强的非稳定态方法 ····················· 92
　　3.3.2　无传质增强的稳定态方法 ······················· 96
　　3.3.3　传质增强 ·· 97
　　3.3.4　臭氧传质系数的间接测定 ······················· 99
参考文献 ·· 101

4　反应动力学 ·· 105
4.1　背景 ·· 105
4.2　反应级数 ··· 107
4.3　反应速率常数 ·· 110
4.4　影响反应速率的参数 ··································· 113
　　4.4.1　氧化剂的浓度 ···································· 113
　　4.4.2　温度 ·· 114
　　4.4.3　pH值的影响 ····································· 115
　　4.4.4　无机碳的影响 ···································· 115
　　4.4.5　有机碳对自由基链反应机理的影响 ·············· 116
参考文献 ·· 118

5　臭氧氧化过程模拟 ·· 122
5.1　臭氧氧化过程的化学模型 ······························ 123
5.2　饮用水氧化过程模型 ··································· 124
　　5.2.1　以反应速率方程和实验数据为基础的模型 ······· 125
　　5.2.2　以反应机理为基础的模型 ························ 125
　　5.2.3　以质量平衡为基础的半经验模型 ················· 127
　　5.2.4　经验自由基引发速率 ····························· 127
　　5.2.5　终止剂的选择经验 ······························· 129
　　5.2.6　饮用水化学模型的总结 ··························· 130
　　5.2.7　包括物理过程的模型 ····························· 130
5.3　废水氧化模拟 ·· 131
　　5.3.1　以反应机理和质量平衡为基础的化学和物理模型 · 131
　　5.3.2　经验模型 ··· 133
　　5.3.3　总结 ·· 133
5.4　模型的最后评论 ·· 133

参考文献 ··· 135
6 臭氧在组合工艺中的运用 ··· 137
6.1 在半导体工业中的应用 ······································ 137
6.1.1 原理和目的 ··· 139
6.1.2 现有的清洗工艺 ······································· 140
6.1.3 工艺和/或实验设计 ···································· 141
6.2 高级氧化过程 ·· 142
6.2.1 原理和目的 ··· 142
6.2.2 现有高级氧化过程 ···································· 142
6.2.3 实验设计 ··· 144
6.3 三相系统 ·· 145
6.3.1 原理和目的 ··· 146
6.3.2 现有过程 ··· 149
6.3.3 实验设计 ··· 153
6.4 臭氧氧化和生物降解 ·· 154
6.4.1 原理和目的 ··· 155
6.4.2 现有过程 ··· 156
6.4.3 实验设计 ··· 157
参考文献 ··· 163

术语表 ··· 170

A 臭氧概述

◇ 1 毒理学

◇ 2 反应机理

◇ 3 工业应用

1 毒 理 学

毒理学是研究物质对生物体的负面作用。其中对人类的影响一直都是这一学科的研究主题。生态毒理学领域已发展到研究物质对生态系统的更广泛影响，不仅要研究对生物个体的影响，而且要研究对生态系统各元素之间的相互作用的影响。在评估臭氧应用的毒理时，上述两方面都是很重要的。受到影响的物种种类取决于某一物质的使用环境，因此在饮用水处理中主要研究人类的毒理学，在废水处理中主要研究水生态毒理学。

本章简要概括了臭氧的毒理学。在给出其应用研究结果之前，我们简要回顾一下毒性的类型（A1.1）。在讨论臭氧的影响时，必须区分下列几点：

- 气相臭氧（A1.2）
- 液相臭氧（A1.3）
- 臭氧氧化形成的副产物（A1.4）

1.1 背 景

急性中毒是指短时间或有限剂量暴露后产生的快速损害，例如，快速反应毒性。化学物质引起的亚慢性反应多数要通过观察几个月的生物化学变化和生长、行为及其他因素的变化后才能确定。慢性中毒对生物的损害则需要观察更长的时间，几年甚至一生。这种有害影响可能是可逆的，也可能是不可逆的，会引起良性或恶性肿瘤，产生致变或致畸作用，使身体受到损伤，甚至导致死亡（Wentz，1998）。

在评估对人类健康影响的毒理学研究中，通常用动物或培养的细胞进行实验。实验结果往往不能直接评估人类健康风险，必须由专业人员进行解释。如果可能，最好对处于特定环境中的人类流行病进行研究，因为其结果通常可以直接用于评估人类健康风险（Langlais 等，1991）。

水生生态毒理学是研究系统的整个过程，评估物质在目前和将来对水生环境产生负面作用的可能性（Klein，1999）。它包括在实验室对适当的生物进行生态毒理实验，探讨在对比条件下暴露和受影响程度的关系，同时还要研究在复杂生态系统中不同生态条件下物质或污水产生的影响（Chapman，1995）。

实验室试验用生物应该具有下列四种类型代表：微生物、植物、无脊椎动物和鱼类。试验结果一般以致死剂量或致死浓度表示（lethal dose，LD；lethal concentration LC）或者用 LC_{50} 表示，LC_{50} 是使50%的试验生物存活所需的受试物质的浓度。有效剂量或有效浓度（effective dose，ED 或 effective concentration，EC）定义与上述定义相似，EC_{50} 表示在指定试验时间内50%的试验生物受到不利影响所需的受试物质的浓度（Novotny 和 Olem，1994）。

尽管很多毒理试验已经标准化，并且已经取得的大量成果为生态毒理学研究奠定了基础，但是在预测复杂体系的毒理影响时，还存在很多问题要解决（Schäfers 和 Klein，1998）。

1.2 气相臭氧

臭氧是一种毒性很大的强氧化性气体，可通过呼吸、皮肤和眼睛进入体内。

呼吸

急性反应：当臭氧浓度超过零点几个 ppm 时（1ppm = $2mg/m^3$，20℃，101.3kPa），就会使暴露者身体不适，短期暴露后可能引起头痛、喉咙和粘膜干燥、鼻子发炎等。其气味的阈值大约为 0.02ppm，但是长时间的暴露会产生脱敏现象。更高的浓度可能导致慢性的肺水肿，以及疲惫、前额疼痛、胸骨压痛、压抑或抑郁、口酸和厌食等症状。更为严重的暴露会导致呼吸困难、咳嗽、窒息、心动过速、眩晕、血压降低、严重的抽搐性胸痛和全身性疼痛。估计在 50ppm 浓度中暴露 30min 就可致死。

长期暴露：长期暴露导致的症状与急性暴露相似，会引起肺功能降低，这种影响取决于暴露的浓度和时间。目前已经观察到哮喘、过敏及其他呼吸障碍等症状。另外在动物或人体组织研究中已发现导致呼吸不畅、诱发肿瘤，直接或间接的遗传性损伤的现象。

致癌性：有理由怀疑臭氧具有致癌的可能（见 B 部分）。

皮肤接触

与臭氧接触可能导致皮肤发炎、灼伤或冻伤。

眼睛接触

当臭氧浓度等于或高于 0.1ppm 时，会导致眼睛发炎。

限制浓度

对生命和健康产生即时危险的浓度 IDLH 为 5ppm（Immediately Dangerous to Life or

Health Concentration）。

限制阈值 TLV（Threshold limit values）（AGGIH，1999）：
- 对重体力工作为 0.05ppm
- 对中度体力工作为 0.08ppm
- 对轻度体力工作为 0.10ppm

如果工作时间低于 2h，对于重度、中度、轻度体力工作，臭氧浓度为 0.20ppm 也是允许的。

在德国即将出版的最大允许工作环境浓度 MAK – 表中（maximal allowable workplace concentration），臭氧属于 IIIb 类，即一直有理由怀疑是致癌的物质。在证实臭氧有致癌性之前，实际最大允许工作环境浓度 $200\mu g\ m^{-3}$（= 0.1ppm）一直会受到人们的怀疑（n.n.，1995）。

注释：出于安全的考虑，通常在使用臭氧时，必须安装具有安全关闭程序的空气臭氧监测仪（测定范围为 0~1ppm）。

1.3 液相臭氧

目前没有安全危险数据和工作环境的浓度限制。含高浓度臭氧的水可能导致眼睛和皮肤发炎。Langlais 等（1991）在鱼类试验中总结了 LC_{50} 值：

蓝腮太阳鱼（*Lepomis macrochius*）24h：$0.06mg\ L^{-1}$
虹鳟鱼（*Satmo gairdneri*）96h：$0.0093mg\ L^{-1}$
石首鱼（*Morone americana*）24h：$0.38mg\ L^{-1}$

必须注意的重要问题是在这类试验中要区分臭氧及其副产物的作用几乎是不可能的。

在使用液相臭氧时，由于可能逸出气体，气相臭氧产生的多数毒性作用也可能会出现。液相臭氧有强烈的气味，因此，通常应当在封闭的管道和容器中使用。

1.4 副 产 物

为了评估臭氧氧化过程中副产物的毒性，需要了解确定和不确定副产物对每种目标生物（人类、动物、鱼类等）的健康影响。通常毒性数据的缺乏在某种程度上是由于缺少适当的测试方法。因为鉴定地下水、饮用水、废水的 TOC 的所有组成物质几乎是做不到的，也无法确定混合物中某种具体物质对总毒性的贡献大小。此外，在复杂混合物中具体物质的毒性也取决于背景物质，而且它会与其他物质产生协同作用或拮抗作用。

利用主要物质配制的混合物进行控制实验几乎是不可能的。

副产物毒性的评估方法

Langlais 等人（1991）对评定人类毒理学影响的不同方法进行了很好的评述。他们总结了很多有关臭氧及其氧化副产物对人类产生毒性的研究结果。在后续章节中，我们将提供一部分研究结论。

标准化的生态毒性测试（生物鉴定）在最近几年有所发展与优化，它包含对细菌、水蚤和鱼类的影响（DIN 38 412 - 31，-32，-34 部分）。设计这些测试方法是为了评估物质对水生生物的毒性。这些测试方法操作简便、快速，成本也相对较低，可以评估复杂水体的毒性。但是，上述测试方法采用预浓缩步骤，可能有部分副产物无法回收（实验证明回收所有的副产物是非常困难的）。

试验结果通常与特定的体系有关，往往无法明确产生副作用的化合物。Zander - Hauck 等（1993）和 Dannenberg（1994）讨论了这些方法在不同的处理废水检测中的应用。

饮用水臭氧氧化实例

在对臭氧消毒的饮用水进行的生物测定研究中，至今没有任何证明臭氧消毒会产生致突变作用。多数的筛选研究表明，臭氧水比氯化水产生的致突变性要低。尽管如此，但也有相反的报道（Huck 等，1987）。对臭氧水和非臭氧水的研究还不能清楚地说明臭氧对致突变性的影响。人们已经同时观察到了致突变性的降低及增强（Kool 和 Hrubec，1986）。但如果使用足够量的臭氧，臭氧并不会增加饮用水的致突变性（Kool 和 Hrubec，1986；Huch 等，1987）。在很多情况下，原水如果有致突变性，臭氧甚至可以消除这种作用。

Langlais（1991）等总结了在饮用水应用中臭氧对毒性的影响：

> "臭氧在水溶液中的化学作用和对于健康的影响是非常复杂的。已经证实，臭氧在供水中与水中物质发生反应形成多种消毒副产物。然而，多数研究结果认为，臭氧反应副产物毒性低于氯化副产物的毒性。很多臭氧化反应取决于投加量和 pH 值，因此可以解释为什么不同条件下得到的结论不同。"

废水臭氧氧化的实例

对臭氧氧化的废水通常要进行生态毒性测试，以评估出水对于受纳水体中生物的影响。Diehl 等（1995）和 Moerman 等（1994）分别对化学/生物组合处理的垃圾渗滤液和焦化废水进行了毒性测试。他们都指出，在每一个处理步骤前后都有必要进行毒性评估，以便在整个过程中建立类似的"毒性平衡"。例如，在处理焦化废水的过程中，活性污泥处理工序仅去除极少量 COD，但是对出水进行微生物（生物体发光）毒性测试，证明无毒（EC_{50}未检出）（Moerman 等，1994）。对出水进行臭氧氧化则可以将毒性提到很高的水平，$EC_{50} = 58$。然后在滴滤池中，采用驯化污泥进行生物处理可以将毒性降低到无法检出的水平。

  对饮用水或废水中复杂或简单的有机物质进行臭氧氧化，一般可以检测到副产物有醛、羧酸和其他的脂肪族、芳香族或混合氧化物。这些物质一般易于生物降解，而且没有明显的毒性影响（Glaze，1987）。在处理和解释生物体发光测试结果时需要慎重，因为无毒性的底物会降低细菌发光强度。

参考文献

American Conference of Governmental Industrial Hygienists, ACGIH (1991) TLV's and BET's Threshold Limit Values for Chemical Substances and Physical Agents.

Chapman J C (1995) The Role of Ecotoxicity Testing in Assessing Water Quality, Australian Journal of Ecology, 20 (1): 20–27.

Dannenberg R (1994) Der Einsatz von Toxizitätstests bei der Beurteilung von Abwässern, gwf wasser – Abwasser 135: 475–479.

Diehl K, Hagendorf U, Hahn J (1995) Biotests zur Beurteilung der Reinigungsleistung von Deponiesickerwasserbehandlungsverfahren, Entsorgungspraxis, 3: 47–50.

DIN 38 412 Teil 30, Deutsche Einheitsverfahren zur Wasser–, Abwasser– und Schlammuntersuchung, Testverfahren mit Wasserorganismen (Gruppe L) (1989) Bestimmung der nicht akut giftigen Wirkung von Abwasser gegenüber Daphnien über Verdünnungsstufen (L 30), Beuth Verlag, Berlin.

DIN 38 412 Teil 31, Deutsche Einheitsverfahren zur Wasser–, Abwasser– und Schlammuntersuchung, Testverfahren mit Wasserorganismen (Gruppe L) (1989) Bestimmung der nicht akut giftigen Wirkung von Abwasser gegenüber Fischen über Verdünnungsstufen (L 31), Beuth Verlag, Berlin.

DIN 38 412 Teil 34, Deutsche Einheitsverfahren zur Wasser–, Abwasser– und Schlammuntersuchung, Testverfahren mit Wasserorganismen (Gruppe L) (1991) Bestimmung der Hemmwirkung von Abwasser auf die Lichtemission von *Photobacterium phosphoreum* – Leuchtbakterien – Abwassertest mit konservierten bakterien (L 34), Beuth Verlag, Berlin.

Glaze W H (1987) Drinking water treatment with ozone, Environmental Science & Technology 21: 224–230.

Huck P M, Anderson W B, Savage E, von Borstel R C, Daignult S A, Rector D W, Irvine G A, Williams D T (1987) Pilot Scale evaluation of ozone and other drinking water disinfectants using mutagenicity testing, 8th Ozone world congress, Zurich, Switzerland, September, C29 – C54.

Klein W (1999) Aquatische Ökotoxikologie: Stoffeigenschaften und Öklogisches Risiko, Preprints Band 1, 4. GVC – Abwasser – Kongress 1999, Bremen.

Kool H J, Hrubec J (1986) The influence of an ozone, chlorine and chlorine dioxide treatment on mutagenic activity in (drinking) water, Ozone Science & Engineering, 8: 217 – 234.

Langlais B, Reckhow D A, Brink D R (1991) Ozone in Water Treatment: Application and Engineering, American Water Works Association Research Foundation, Denver, Lewis Publishers Inc., Michigan.

Moerman W H, Bamelis D R, Vergote P M, Van Holle P M (1994) Ozonation of Activated Sludge treated Carbonization wastewater, Water Research 28: 1791 – 1798.

n.n. (1995) DFG – Kommission stuft Reizgas Ozon neu ein, Entsorgungspraxis 8: 7 – 8.

Novotny V, Olem H (1994) Water Quality: Prevention, Identification, and Management of Diffuse Pollution, Van Nostrand Reinhold, New York.

Schäfers C, Klein W (1998) ökosystemäre Ansätze in der ökotoxikologie, Zittau 18. – 19. 5. 1998, in Ochlmann J, Markert B (eds), Ecomed Verlag.

Zander – Hauck S, Klopp R, Iske U (1993) Zur Problematik von Toxizitätsgrenzwerten für Deponiesickerwässer, Korrespondenz Abwasser 40: 340 – 349.

Wentz C A (1998) Safety, Health, and Environmental Protection, WCB/McGraw – Hill, Boston.

2 反应机理

臭氧和羟基自由基是两种最强的氧化剂。臭氧可以与化合物直接反应，或者生成羟基自由基后，再与化合物反应。这两种反应的反应机理将在 A2.1 节中阐述。羟基自由基也可以通过其他途径生成。高级氧化过程和其他技术可以催化产生羟基自由基（A2.2 节）。

2.1 臭氧氧化

臭氧是一种不稳定的气体，必须在使用现场制备。现有的多种气液接触器都可以用来向水中输送臭氧，化学反应也可以在水体中同步进行。

臭氧可以通过直接和间接两种方式与物质反应。不同的反应途径可以生成不同的氧化产物，而且两种反应方式受不同类型的反应动力学控制。图 2-1 给出了直接和间接反应途径及其相互关系。

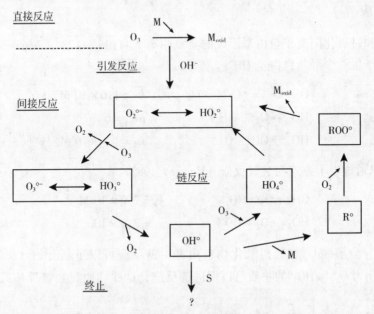

图 2-1 臭氧氧化的直接与间接反应机理（根据 Staehelin 和 Hoigné，1983a，b 修改）
S：抑制剂（终止剂）　R：反应产物　M：微污染物

2.1.1 间接反应

间接反应途径中有自由基参与反应。第一步是臭氧分解形成二次氧化剂羟基自由基 $OH°$ (hydroxyl radical),引发剂 OH^- 可加速此分解反应。二次氧化剂与溶质的反应是非选择性即时反应 ($k = 10^8 - 10^{10} M^{-1} s^{-1}$)(Hoigné 和 Bader,1983a,b)。自由基的反应途径非常复杂,受到很多物质的影响。自由基氧化的主要反应机理和产物都将在后面论述的两种很重要的模型基础上进行讨论(Staehelin 和 Hoigné,1983a,b;Tomiyasu 等,1985)。

反应机理可分为以下 3 个步骤:

引发反应

氢氧根离子 OH^- 和臭氧反应,形成过氧化阴离子自由基 $O_2°^-$ (superoxide anion radical)和一个氢过氧化自由基 $HO_2°$ (hydroperoxyl radical)。

$$O_3 + OH^- \rightarrow O_2°^- + HO_2° \qquad k_1 = 70 M^{-1} s^{-1} \qquad (2-1)$$

氢过氧化自由基处于酸碱平衡状态。

$$HO_2° \leftrightarrow O_2°^- + H^+ \qquad pK_a = 4.8 \qquad (2-2)$$

自由基链反应

由臭氧和过氧化阴离子自由基形成的臭氧阴离子自由基 $O_3°^-$ (ozonide anion radical)很快分解,产生一个羟基自由基 $OH°$。

$$O_3 + O_2°^- \rightarrow O_3°^- + O_2 \qquad k_2 = 1.6 \times 10^9 M^{-1} s^{-1} \qquad (2-3)$$

$$HO_3° \leftrightarrow O_3°^- + H^+ \qquad pK_a = 6 \qquad (2-4)$$

$$HO_3° \rightarrow OH° + O_2 \qquad k_3 = 1.1 \times 10^8 M^{-1} s^{-1} \qquad (2-5)$$

$OH°$ 可以通过以下方式与臭氧反应(Hoigné,1982)。

$$OH° + O_3 \rightarrow HO_4° \qquad k_4 = 2.0 \times 10^9 M^{-1} s^{-1} \qquad (2-6)$$

$$HO_4° \rightarrow O_2 + HO_2° \qquad k_5 = 2.8 \times 10^4 s^{-1} \qquad (2-7)$$

随着 $HO_4°$ 分解为 O_2 和氢过氧化物自由基,链反应可以重新开始(见方程 2-1)。能将 $OH°$ 转化为 $O_2°^-/HO_2°$ 的物质可以促进链反应,这些物质充当链反应载体,即所谓的促进剂。

有机分子 R,也可以起到促进剂的作用。它们含有的某些官能团可以与 $OH°$ 反应生成有机自由基 $R°$。

$$H_2R + OH° \rightarrow HR° + H_2O \qquad (2-8)$$

如果存在氧气，就可参与反应，形成有机过氧化自由基 ROO°，它们可以进一步反应，消耗 $O_2°^-/HO_2°$，并再次进入链反应。

$$HR° + O_2 \rightarrow HRO_2° \qquad (2-9)$$
$$HRO_2° \rightarrow R + HO_2° \qquad (2-10)$$
$$HRO_2° \rightarrow RO + OH° \qquad (2-11)$$

Hoigné 提出 $HO_4°$ 是上述反应途径所必需的，但是到目前为止没有实验证据。在 Tomiyasu 的模型中，自由基链链循环中也没有发现这些自由基 (1985)。然而，这两种模型的结论都是相同的：

由氢氧根离子引发的臭氧分解可以引起链反应，并能生成反应速度很快、非选择性的 OH° 自由基。这也说明，OH° 自由基的半衰期非常短，如引发浓度为 $10^{-4}M$ 时，半衰期不到 $10\mu s$。

由于亲电特性，OH° 的反应均发生在目标分子电子密度最大的位置上。读者可以在 Von Sonntag 的文献中得到更多信息，在此文献中他阐述了在水中 OH° 降解芳香化合物的机理。Buxton 等人 (1988) 指出，羟基自由基与芳香化合物的反应速率常数接近于扩散速度。

链反应终止

一些有机和无机物质与 OH° 反应形成不产生 $HO_2°/O_2°^-$ 的次级自由基。这些终止剂通常会终止链反应，抑止臭氧的分解。

$$OH° + CO_3^{2-} \rightarrow OH^- + CO_3°^- \qquad k_6 = 4.2 \times 10^8 M^{-1}s^{-1} \qquad (2-12)$$
$$OH° + HCO_3^- \rightarrow OH^- + HCO_3° \qquad k_7 = 1.5 \times 10^7 M^{-1}s^{-1} \qquad (2-13)$$

另一种链反应终止方式可能是两种自由基发生反应：

$$OH° + HO_2° \rightarrow O_2 + H_2O \qquad k_8 = 3.7 \times 10^{10} M^{-1}s^{-1} \qquad (2-14)$$

将反应式 (2-1 到 2-7) 合并，表明 3 个臭氧分子产生 2 个 OH°。

$$3O_3 + OH^- + H^+ \rightarrow 2OH° + 4O_2 \qquad (2-15)$$

有很多物质可以引发、促进或终止链反应。例如表 2-1 中所示。

Stachelin 和 Hoigné (1985) 发现，即使是只能与 OH° 缓慢反应的磷酸盐，当浓度低到与缓冲溶液的浓度相同时 (50mM)，也可作为有效的终止剂。腐殖酸的作用则有些自相矛盾。根据浓度不同，它既可以作为终止剂，也可以作促进剂 (Xiong 和 Graham,

1992)。典型的 OH° 终止剂 TBA 通常用于终止链反应。即使在甲酸存在时，TBA（50μM）也可以使臭氧的分解速率降低 7 倍（Stachelin 和 Hoigné，1985）。

臭氧在水中分解的典型引发剂、促进剂和抑制剂
（Staehelin 和 Hoigné，1983，Xiong 和 Graham，1992） 表 2-1

引发剂	促进剂	终止剂
OH^-	腐殖酸	HCO_3^-/CO_3^{2-}
H_2O_2/HO_2^-	芳香族化合物	PO_4^{3-}
Fe^{2+}	伯醇和仲醇类	腐殖酸、芳香化合物、异丙醇 TBA

在天然水体中，HCO_3^-/CO_3^{2-} 可以作为 OH° 的重要终止剂。上述反应速率常数相对较低，但在天然水系统中的浓度范围相对较高，因此这种反应不可忽略。比较其反应速率常数（CO_3^{2-}：$k_6 = 4.2 \times 10^8 M^{-1}s^{-1}$；$HCO_3^-$：$k_7 = 1.5 \times 10^7 M^{-1}s^{-1}$）就可以发现，$CO_3^{2-}$ 是一种比 HCO_3^- 更强的抑制剂。也就是说，100% 的 HCO_3^- 的反应速率相当于 3.6% 的 CO_3^{2-}。Hoigné 和 Bader（1977）认为，HCO_3^- 和 CO_3^{2-} 与 OH° 反应的产物不与臭氧进一步反应。

通过向臭氧氧化水中加入碳酸盐，可以延长臭氧的半衰期。仅几个微摩尔就可将臭氧的分解速率降低 10 个数量级甚至更多（Hoigné 和 Bader）。如果将 HCO_3^-/CO_3^{2-} 的浓度提高到 1.5mM，可以提高臭氧的稳定性。如果加量更大，则稳定性不会有太大的增长（Forni 等，1982）。

2.1.2 直接反应

臭氧对有机物的直接氧化（$M + O_3$）是一个反应速率常数 k_D 很低的选择性反应，一般 k_D 的范围在 $1.0 - 10^3 M^{-1}s^{-1}$。由于臭氧的偶极结构，它可以与不饱和键发生反应，导致键的断裂，这就是所谓的 Criegee 反应机理（见图 2-2）。该机理本身是从非水溶液发展起来的。

臭氧可以与水中的多种污染物发生缓慢反应，如产生气味的环状脂肪族化合物、产生土腥味的土臭素（geosmin）、三卤甲烷，以及非活性的芳香族化合物，如氯苯等。臭氧与带有供电子取代基（例如酚羟基）的芳香化合物反应速度更快。如果没有这样的取代基，反应速度就慢得多。一般来讲，离子化的或电离的有机物与臭氧的反应速度要比中性化合物（未电离）反应速度快得多。对同样的取代基，一般烯烃比芳香烃化合物的反应活性更高。

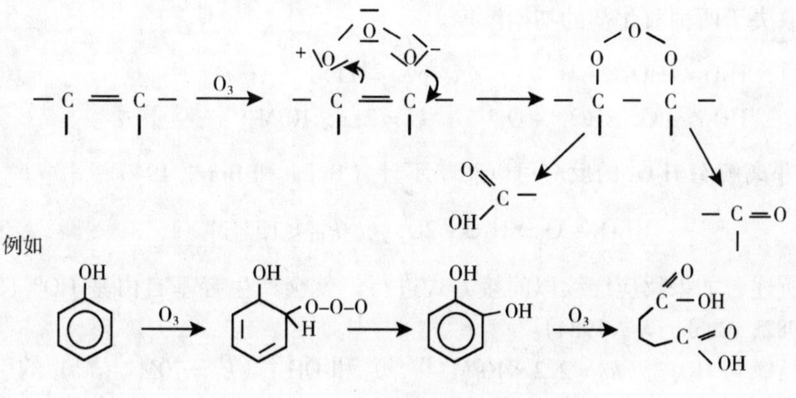

图 2-2 水中臭氧可能发生的反应

通过许多出版物，读者可以深入了解 O_3 和 $OH°$ 反应速率与速率常数的数据，可以参阅 Glaze（1987）、Yao 和 Yang（1991）、Haag 和 Yao（1992）、Hoigné 和 Bader（1983a，b）、以及 Hoigné 和 Bader（1985）等人的著作。

一般来讲，如果自由基反应被终止，那么臭氧直接氧化就变得很重要。这另一方面说明，水中可能不含引发剂，或者含有很多能迅速终止链反应的终止剂。随着终止剂浓度的提高，氧化过程倾向按照直接氧化途径进行。因此，无机碳和有机化合物对于氧化途径都有很重要的作用。

通常，在酸性条件下（pH < 4），以直接反应途径为主，pH = 10 以上时，以间接反应途径为主。对于地下水和地表水（pH ≅ 7），直接和间接两种反应途径都很重要（Staehelin 和 Hoigné，1983a）。而对于特殊的废水，即使在 pH = 2 时，间接氧化也很重要，这在很大程度上取决于所含的污染物的性质（Beltrán 等，1994）。因此在设计处理方法时，两种途径都必须考虑到。

2.2 高级氧化过程（AOP）

Glaze 等（1987）将高级氧化过程（AOPs，advanced oxidation processes）定义为"能产生足够量羟基自由基净化水质"的过程。最常用的过程有 O_3/H_2O_2、O_3/UV 和 H_2O_2/UV。开发 AOPs，就是希望产生非选择性、反应迅速的羟基自由基从而氧化污染物。这些 AOPs 所涉及的化学过程与前面的讨论内容类似。

O_3/H_2O_2

在这种高级氧化过程中，过氧化氢以阴离子 HO_2^- 的形式与 O_3 反应，O_3/H_2O_2 体系反应速率取决于两种氧化剂的初始浓度。

$$H_2O_2 \leftrightarrow HO_2^- + H^+ \qquad pK_a = 11.8 \qquad (2-16)$$

$$HO_2^- + O_3 \rightarrow HO_2° + O_3°^- \qquad k_9 = 2.2 \times 10^6 M^{-1}s^{-1} \qquad (2-17)$$

O_3 与非离解态 H_2O_2 的反应可以忽略不计（Taube 和 Bray，1940）：

$$H_2O_2 + O_3 \rightarrow H_2O + 2O_2 \qquad k_{10} < 10^{-2} M^{-1}s^{-1} \qquad (2-18)$$

如前所述，如果反应继续以间接方式进行，就会产生羟基自由基 HO°（Staehelin 和 Hoigné，1982；Bühler 等，1984）。

对比臭氧与 HO_2^-（$k_9 = 2.2 \times 10^6 M^{-1}s^{-1}$）和 OH^-（$k_1 = 70 M^{-1}s^{-1}$）的引发反应可以发现，在 O_3/H_2O_2 体系中，OH^- 的引发步骤可以忽略不计。当 H_2O_2 浓度高于 $10^{-7}M$，且 pH 小于 12 时，HO_2^- 对水中臭氧分解速率的影响要大于 OH^-。

合并方程（2-2 至 2-7、2-17、2-18），得出两个臭氧分子产生两个 OH°。

$$2O_3 + H_2O_2 \rightarrow 2OH° + 3O_2 \qquad (2-19)$$

O_3/UV

O_3/UV 高级氧化过程可以通过 O_3 的光解引发，生成过氧化氢（Peyton，1988）。一般紫外灯必须在 254nm 处有最大的辐射量，才能使臭氧充分光解。

$$O_3 + H_2O \xrightarrow{h\nu} H_2O_2 + O_2 \qquad (2-20)$$

该系统由三个组成部分，才能形成 OH°，氧化污染物：

- 紫外辐射
- 臭氧
- H_2O_2

如果污染物吸收光波，则可以发生直接光解。在一般情况下（pH = 5-10 和室温下），H_2O_2 的直接氧化可以忽略。臭氧的直接与间接氧化取决于前面提及的条件。因此，O_3/H_2O_2 的反应机理与 UV/H_2O_2 组合过程的反应机理都非常重要。需要指出的是，254nm 处 O_3 的消光系数（$\varepsilon_{254nm} = 3300 M^{-1}cm^{-1}$）比 H_2O_2 的消光系数（$\varepsilon_{254nm} = 18.6 M^{-1}cm^{-1}$）大得多。臭氧的分解速度约为 H_2O_2 的 1000 倍（Guittonneau 等，1991）。

H_2O_2/UV

H_2O_2 的直接光解可以生成 OH°：

$$H_2O_2 \xrightarrow{h\nu} 2OH° \qquad \varepsilon_{254nm} = 18.6 M^{-1}cm^{-1} \qquad (2-21)$$

HO_2^- 和 H_2O_2 处于酸碱平衡状态时（见方程式 2-16），也能吸收 254nm 的紫外光。

$$HO_2^- \xrightarrow{h\nu} OH° + O°^- \qquad \varepsilon_{254nm} = 240 M^{-1}cm^{-1} \qquad (2-22)$$

$$HO_2^- + O°^- \rightarrow O_2°^- + OH^- \qquad k_9 = 4.0 \times 10^8 M^{-1}s^{-1} \qquad (2-23)$$

上述反应途径的具体步骤已经在图 2-1 中列出。

比较

图 2-3 对 AOPs 的相关反应进行了归纳。这些反应（2-1 至 2-23）的速率常数来源于不同的参考文献（如 Paillard 等，1998；De Laat 等，1994；Beltrán 等，1993），它们可以说明不同速率常数的具体数值大小。同一反应的速率常数可能有所不同，读者可以选择最合适的数值。

从化学的角度来看，如果光解可以忽略，则 O_3/UV 的效果与 O_3/H_2O_2 相当（Glaze 等，1987；Prados 等，1995）。表 2-2 总结了所述的 4 种工艺所涉及的羟基自由基的化学反应。

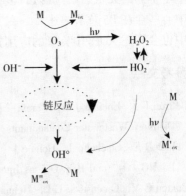

图 2-3 高级氧化过程

$O_3 - H_2O_2 - UV$ 系统中的羟基自由基形成所需的氧化剂和 UV 的理论量（Glaze 等，1987） 表 2-2

体系	每形成 1mol OH° 所消耗的氧化剂的摩尔数		
	O_3	UV[a]	H_2O_2
O_3/OH^- [b]	1.5	—	—
O_3/UV	1.5	0.5	(0.5)[c]
O_3/H_2O_2 [b]	1.0	—	0.5
H_2O_2/UV	—	0.5	0.5

a) 每形成 1mol OH° 所需的光子的量，mol。
b) 假设生成了 $O_2°^-$（每个 $O_2°^-$ 可以生成一个 OH°），而对某些水不存在这种情况。
c) H_2O_2 现场生成。

根据化学计量式，由 H_2O_2 光解产生的 OH° 是最多的。但是，如前所述，O_3 光解可以产生比 H_2O_2 光解更多的 OH°，这是因为与 H_2O_2 相比，O_3 的摩尔消光系数更高（见表 2-3）。

臭氧和 H_2O_2 光解形成羟基自由基的理论值（Glaze 等，1987） 表 2-3

	ε_{254nm}，$M^{-1}cm^{-1}$	化学计量式	每个入射光子形成的 $OH°$[a]
H_2O_2	20	$H_2O_2 \rightarrow 2\ OH°$	0.09
O_3	3300	$O_3 \rightarrow 2\ OH°$	2.00

a）假设入射路程为 10cm，$c(O_3) = c(H_2O_2) = 10^{-4} M$。

上面的比较仅是理论上的分析。实际上，$OH°$ 的生成量大可能导致较低的反应速率，这是因为自由基重新组合而且对氧化过程毫无作用。而且分析过程中并没有考虑到水中不同的无机物/有机物的影响。文献中有计算实际羟基自由基浓度的各种模型，其中有些会在 B5 章节中述及。在 B4.4 中将给出影响 $OH°$ 浓度参数的更详尽材料。在 B6.2 中也会简述 AOPs 中臭氧的应用方法。

参考文献

Beltrán F J, Encinar J M, García-Araya M（1993）Oxidation by Ozone and Chlorine Dioxide of two Distillery Wastewater Contaminants: Gallic Acid and Epicatechin, Water Research 27: 1023-1028.

Bühler R E, Staehelin J, Hoigné J（1984）Ozone Decomposition in Water Studies by Pulse Radiolysis. 1. HO_2/O_2^- and HO_3/O_3^- as Intermediates, Journal of Physical Chemistry 88: 2560-2564.

Buxton G V, Greenstock C L, Hehman W P, Ross A B（1988）Critiacal Review of Rate Constants for Oxidation of Hydrated Electrons, Hydrogen Atoms and Hydroxyl Radicals（$OH°/O°^-$）in Aqueous Solutions, Journal of Physical and Chemical Reference Data 17: 513-886.

De Laat J, Tace E, Doré M（1994）Etude de l'Oxydation de Chloroethanes en Milieu Dilue par H_2O_2/UV, Water Research 28: 2507-2519.

Forni L, Bahnemann D, Hart E J（1982）Mechanism of the Hydroxide Ion Initiated Decomposition of Ozone in Aqueous Solution, Journal of Physical Chemistry 86: 255-259.

Glaze W H, Kang J-W（1987）The Chemistry of Water Treatment Processes involving Ozone, Hydrogen Peroxide and Ultraviolet Radiation, Ozone Science & Engineering 9: 335-352.

Guittonneau P, Glaze W H, Duguet J P, Wable O（1991）Characterization of Natural Waters for Potential to Oxidize Organic Pollutants with Ozone, Proceedings 10th Ozone world Congress and Exhibition, Monaco, International Ozone Association, Zürich, Switzerland.

Haag W R, Yao C C D（1992）Rate Constants for Reaction of Hydroxyl Radicals with several Drinking Water Contaminants, Environmental Science & Technology 26: 1005-1013.

Hoigné J, Bader H（1977）Beeinflussung der Oxidationswirkung von Ozon und OH-Radikalen durch Carbonat, Vom Wasser 48: 283-304.

Hoigné J（1982）Mechanisms, Rates and Selectivities of Oxidations of Organic Compounds Initiated by

Ozonation of Water, in: Handbook of Ozone Technology and Applications, Vol. 1: 341 – 379, Rice R G and Netzer A (eds), Ann Arbor Science Publishers, Ann Arbor MI.

Hoigné J, Bader H (1983 a) Rate Constants of Reactions of Ozone with Organic and Inorganic Compounds in Water – I. Non Dissociating Organic Compounds, Water Research 17: 173 – 183.

Hoigné J, Bader H (1983 b) Rate Constants of Reactions of Ozone with Organic and Inorganic Compounds in Water – II. Dissociating Organic Compounds, Water Research 17: 185 – 194.

Hoigné J, Bader H (1985) Rate Constants of Reactions of Ozone with Organic and Inorganic Compounds in Water – III. Inorganic Compounds and Radicals, Water Research 19: 993 – 1004.

Paillard H, Brunet R, Doré M (1988) Optimal Conditions for Applying an Ozone/Hydrogen Peroxide Oxidizing System, Water Research 22: 91 – 103.

Peyton G R, Glaze W H (1987) Mechanism of Photolytic Ozonation – Photochemistry of Environmental Aquatic Systems, R G Zirka and W J Cooper, American Chemical Society Symposium – Series, 327: 76 – 88, Washington DC.

Prados M, Paillard H, Roche P (1995) Hydroxyl Radical Oxidation Processes for the Removal of Triazine from Natural Water, Ozone Science & Engineering 17: 183 – 194.

Staehelin J, Hoigné J (1982) Decomposition of Ozone in Water: Rate of Initiation by Hydroxide Ions and hydrogen Peroxide, Environmental Science & Technology 16: 676 – 681.

Staehelin J, Hoigné J (1983) Reaktionsmechanismus und Kinetik des Ozonzerfalls in Wasser in Gegenwart organischer Stoffe, Vom Wasser 61: 337 – 348.

Staehelin J, Hoigné J (1985) Decomposition of Ozone in Water in the Presence of Organic Solutes Acting as Promoters and Inhibitors of Radical Chain Reactions, Environmental Science & Technology 19: 1206 – 1213.

Taube H, Bray W C (1940) Chain Reactions in Aqueous Solutions Containing Ozone, Hydrogen Peroxide and Acid, Journal of the American Chemical Society 62: 3357 – 3373.

Tomiyasu H, Fukutomi H, Gordon G (1985) Kinetics and Mechanisms of Ozone Decomposition in Basic Aqueous Solutions, Inorganic Chemistry 24: 2962 – 2985.

Von Sonntag C (1996) Degradation of Aromatics by Advanced Oxidation Processes in Water Remediation: some Basics Considerations, Journal Water Supply Research and Technology – Aqua 45: 84 – 91.

Xiong F, Graham N J D (1992) Research Note: Removal of Atrazine through Ozonation in the Presence of Humic Substances, Ozone Science & Engineering 14: 283 – 301.

Yao C C D, Haag W R (1991) Rate Constants for Direct Reactions of Ozone with several Drinking Water Contaminants, Water Research 25: 761 – 773.

3 工业应用

Matin Jeket

3.1 绪　言

自从 1906 年在尼斯第一次使用臭氧消毒饮用水起，臭氧应用的数量和领域日益增多。臭氧可以用于地下水和地表水，以及生活与工业废水，如游泳池和冷却塔系统废水的处理和净化。利用臭氧的氧化性，例如，在纸浆和造纸工业中进行漂白，在半导体工业中氧化金属，臭氧氧化已经成为工业生产的一部分。由臭氧和臭氧衍生的氧化剂，例如羟基自由基 OH^o，在氧化和消毒过程中多重作用使之成为一种非常有效的氧化剂。一般来讲，选择臭氧是出于一两种主要目的，但它也可能产生副作用，因此选择臭氧时应当充分考虑到正反两方面的影响。改进工艺设计或运行条件可以减少或利用这些副作用。

对于臭氧的多重作用，还必须考虑到在整个处理过程中臭氧氧化单元的最佳位置。每个臭氧氧化单元的效率及所需臭氧量取决于前段工序产生的水和废水性质（如颗粒物去除性能和生物降解性）。臭氧氧化对后续处理流程也有明显的影响，例如，可以提高可溶性有机物的生物降解性。

几乎所有的臭氧氧化效果、相应的氧化程度以及动力学模式，都取决于在臭氧接触器和后续反应器中所消耗的臭氧量。这就需要研究确定臭氧氧化阶段的最佳运行参数，例如，特定消毒效率下的浓度时间曲线（concentration–time value），或单位质量初始有机物所消耗的臭氧量。

本章总结和概括了臭氧在水和废水处理中的各种实际应用情况，因此这些结果可以充分说明臭氧氧化过程的有效性和经济性。

新类型的微生物的发现，如寄生虫（*Giardia* 贾第虫属，*Cryptosporidium* 隐孢虫属）的包囊和卵囊、水中越来越多的化学污染物的确定、以及饮用水和废水水质标准的日渐提高，唤起了人们对臭氧氧化和以臭氧为基础的高级氧化过程的新兴趣。然而，最近的研究显示，氧化中可能会形成有害的副产物，例如在氧化含有溴化物的水时，会形成溴酸盐。因此，应用臭氧时必须十分谨慎。

以下关于臭氧在水和废水处理中应用的章节不是根据水的来源编排的，而是根据水的成分和处理目的，描述臭氧在不同方面的应用。另外，还应该适当注意臭氧氧化过程与前后处理单元的有机结合。

一般而言，臭氧主要应用于以下几个方面：

- 消毒
- 氧化无机化合物
- 氧化有机化合物，包括去除味道、气味及色度
- 去除颗粒物

3.2 臭氧氧化在饮用水处理中的应用

饮用水的来源有：天然地下水（最优先的水源）、人工回灌的地下水或河床过滤的地表水、湖泊水、水库水以及河流水。在水处理系统中臭氧主要用于处理受污染的地表水和地下水，而纯净的地下水不需要进行处理，或者仅仅需要去除亚铁离子、锰离子或进行稳定化。

Camel 与 Bermond（1998）对饮用水处理中臭氧氧化及相关氧化过程的机理和目的进行了评述。读者也可以在 Langlais 等人（1991）的文献中，得到关于这方面的更广泛的论述。

3.2.1 消毒

大约一个世纪前，臭氧开始用于水处理，当时用于微生物污染水的消毒。后来又将氯和二氧化氯用于消毒，并且成功地控制了病毒污染，但却不能控制寄生虫污染。鉴于这一问题，而且氯可形成众所周知的卤化消毒副产物（尤其是三卤甲烷，THMs），人们对使用臭氧消毒产生了新的兴趣，但只是作为中间步骤处理使用，不是最终处理。溶解性臭氧的半衰期很短、以及天然有机物（NOM）产生的可生物降解有机物（可同化有机碳，AOC，assimiable organic carbon）都不利于将臭氧氧化单元置于最后处理，但是臭氧氧化可以设置在快速过滤、活性炭过滤和慢速砂滤或地下渗滤之前。因此，臭氧是去除病菌（以及有机污染物）多重防护措施中的一个关键步骤。建议在臭氧氧化之前去除大部分颗粒物质，以免臭氧无法杀灭颗粒物质所包裹的微生物，同时这样可以减少臭氧需要量，有利于形成"游离残余臭氧"，即在一定时间内保持残余浓度溶解臭氧。

在进行化学消毒的设计时，经常使用 Chick–Watson 定律（1908）中 c–t 值的概念（游离消毒剂浓度 c 乘以有效接触时间 t）。对一给定的失活度，即微生物对数浓度大约递减值为 2 或 3（去除率为 99% 或 99.9%），多种微生物的 c–t 值都有报道，但是如果化学杀菌剂长期用于原水处理，c–t 值的变化尚不清楚。大量过去和最近的研究证实，分子态的臭氧是一种十分有效而且很有前途的消毒剂，效果可能优于游离氯、二氧化氯、氯胺和羟基自由基。微生物的相对抵抗能力大致遵循以下顺序递增：细菌、病毒和

寄生胞囊。当颗粒含量降低至很低的浊度（约低于0.2NTU）时，$1.6\sim2\text{mg L}^{-1}\text{min}^{-1}$的$c-t$值对于消毒是足够的（例如投加0.4mg/L臭氧持续5min）。为达到99%或99.9%的去除率，在较低的水温下（<10℃），寄生胞囊可能需要更高的$c-t$值，但是这一数据并不是最终结论。

值得一提的是，在游泳池水的净化中，使用氯消毒之前，经常使用臭氧。根据Böhme（1999）的统计，大约3600台臭氧发生器在这个领域中已得到有效应用，其中德国公司在1954~1997年期间出售的臭氧发生器占50%以上。

3.2.2 无机化合物的氧化

尽管臭氧氧化金属表面在半导体工业上的应用日益广泛，但是利用臭氧氧化对饮用水和废水中的无机物进行氧化性去除、转移的应用却很少，这是因为对于大部分目标化合物来说还有其他的去除方法。为达到其他目的（如去除颗粒、氧化有机物）使用臭氧氧化时，臭氧也附带地氧化了无机物。表3-1列出了在饮用水和废水臭氧氧化过程中目标化合物、氧化物和氧化速率的数据。

无机化合物的臭氧氧化（Langlais等，1991；Hoigné和Bader，1985）　　　表3-1

目标化合物	氧化产物	氧化速率	备注
Fe^{2+}	$Fe(OH)_3$	快	需要过滤固体，应用于饮料工业
Mn^{2+}	$MnO(OH)_2$	快	需要过滤固体，应用于饮料工业
	MnO_4^-	快	臭氧残余量较高，需要还原和过滤
NO_2^-	NO_3^-	快	亚硝酸盐是一种有毒化合物
NH_4^+/NH_3	NO_3^-	pH<9时慢	无相关信息
		pH>9时适中	
CN^-	CO_2,NO_3^-	快	应用于废水处理
H_2S/S^{2-}	SO_4^{2-}	快	无相关信息
As-III	As-V	快	为后续的As去除进行预氧化
Cl^-	HOCl	几乎为0	无相关信息
Br^-	$HOBr/OBr^-$	中	可能溴化有机物
	BrO_3^-		溴酸盐为有毒副产物
I^-	$HOI/OI^-,/IO_3^-$	快	无相关信息
$HOCl/OCl^-$	ClO_3^-	慢	游离氯损失
氯胺		中	化合态氯损失
溴胺			
ClO_2	ClO_3^-	快	游离二氧化氯损失
ClO_2^-	ClO_3^-	快	
H_2O_2	$OH°$	中	O_3/H_2O_2工艺的基础（AOP）

水源中的溴化物生成溴酸盐的反应是很危险的，因为溴酸盐是一种潜在的致癌物。世界卫生组织将溴酸盐的标准定为25μg L^{-1}，欧盟规定的新标准为10μg L^{-1}。阻止生成溴酸盐的可能性措施有：调节臭氧用量，或者加入少量的氨或过氧化氢。去除溴酸盐可能比较困难，但是可以通过活性炭过滤去除（Haag 和 Hoigné，1983；von Gunten 和 Hoigné，1994；Koudjonou 等，1994）。

如表3-1所示，臭氧可以破坏其他消毒剂。为避免产生这一问题，不能在臭氧氧化步骤之前加入这些消毒剂，最好是在水进入给水管网之前，在处理的最后步骤加入。臭氧与 H_2O_2（准确地说，是 HO_2^-）的反应是一种特殊情况，由于其强化生成羟基自由基的反应，并可氧化去除持久性有机化合物（在直接氧化反应机理中，对臭氧具有持久性）（见 A2 章），也可以用作高级氧化技术（AOP）。

3.2.3 有机化合物的氧化

天然有机物（NOM，natural organic matter）

所有的水源都可能含有天然有机物，但是其浓度可以从 0.2mg L^{-1} 到10mg L^{-1}或更多（通常用溶解性有机碳 DOC 来衡量，dissolved organic carbon）。由于 NOM 产生色度和气味，因此它直接影响到水质问题，但是，更重要的是它带来的间接问题，例如：产生消毒副产物（DBPs，disinfection by-products，如氯化形成的三卤甲烷 THMs）、在供水管网中促进细菌的生长、在颗粒物分离中降低处理效率、增大混凝剂和氧化剂的需要量、在吸附和氧化过程中降低对痕量有机物的去除效果等等。

对于一个由臭氧氧化、生物降解、吸附、强化混凝甚至膜工艺等组成的现代水处理技术，其首要任务就是去除 NOM，或者将其转换成对于氯气没有反应活性的物质。臭氧氧化所要求的 DOC 的最低限浓度大约是1mg L^{-1}，但是有时候会出现处理更低 NOM 浓度的水（地下水）的情况。

臭氧氧化 NOM 的目的在于（Camel 和 Bermond，1998）：
- 去除色度和吸收紫外线的物质
- 生物处理前增加可生物降解有机碳
- 降低潜在消毒副产物（包括三卤甲烷）的形成
- 通过矿化作用直接降低 DOC/TOC 值

与最后一项相比，前三项任务与工业应用过程是密切相关的，完全适用于工业应用过程。这是因为直接的化学矿化作用需要更多的臭氧，要达到20%或更高的去除率，每克 DOC 通常需要 3g 或更多的臭氧。

去除色度和紫外线吸收物质是最简单的任务之一，这是因为臭氧氧化反应速度快，而且臭氧的单位消耗量相对较低，低于1g O_3/g DOC。因此，在改进颗粒的分离性能进行预臭氧氧化步骤中可以观察到这种作用。当254nm处紫外线吸光度降低至初始值的20%~50%时，色度可以去除90%以上。其反应机理主要是臭氧直接攻击芳香化合物和发色分子中的双键，生成"被漂白"的产物，如脂肪酸，酮和醛等。

臭氧与紫外/可见（UV/VIS）活性物质的氧化反应会引起分子结构的改变，但不会矿化。这种改变过程也是生成可生物降解代谢物和形成更高亲水性小分子化合物的基础，这些代谢物和小分子化合物与氯消毒剂生成少量的消毒副产物（DBPs）。

有机碳去除的一个关键性运行指标仍然是臭氧单位消耗量。为了达到最佳生物可降解 DOC（也称 AOC）的处理过程，建议臭氧投加量为 $1-2g\ g^{-1}$。在更高的 O_3/DOC 比例下，可以将中间产物强化氧化成二氧化碳（直接矿化）。氧化后 AOC/DOC 比值可能在 0.1~0.6 之间，通常在 0.3~0.5 之间。由于形成 AOC，因此禁止将 NOM 已臭氧氧化的水直接供入给水管网，因为臭氧分解后会出现严重的细菌再生现象，因此有必要增加一个高细菌活性的处理步骤（如快速过滤，活性炭过滤，地下渗滤，慢砂过滤），去除 AOC，从而得到微生物"稳定"的水。

减少 DBP 的形成也取决于臭氧的单位消耗量。臭氧的用量为 $0.5-2g\ O_3\ g^{-1}$DOC时，一般 DBP 降低范围在 10%~60%（与未经臭氧氧化的水相比）。如果有溴化物存在，可能会生成消毒副产溴化物和溴酸盐。

在水处理过程中，NOM 氧化通常是一个中间阶段，例如，可设置在沉淀/气浮单元与快速过滤单元之间，也可设在快速过滤与活性炭过滤之间，或快速过滤与其他后处理单元之间（见图3-1）。

如果臭氧不仅是用于处理 NOM，而且还用于消毒，则应当根据 DOC 的去除效果或消毒所需的 $c-t$ 值，选择必需的臭氧用量。对于微生物污染的原水而言，后一个目的更为重要。与使 NOM 部分氧化并使其可生物降解相比，NOM 的完全矿化是不经济的。典型的中间有机代谢产物（如草酸）是很难被分子态臭氧氧化的，只有通过非选择性羟基自由基才能使之进一步降解。一般设计 AOP 来产生羟基自由基，如果加入过氧化氢或借助紫外光辐射，可以达到更好的矿化过程。

有机微污染物的氧化

在地表水和地下水中可以发现有机微污染物，通常伴有或多或少的 NOM，但是浓度相对较低，在 $0.1-100\ \mu g\ L^{-1}$ 之间（水质可用作给水水源）。用臭氧将其氧化为氧化代谢物甚至矿化物是一个很复杂的过程，这是由于很多水质参数，例如 pH、无机碳、有机碳等对于两种主要反应途径，即直接亲电反应和非选择性、快速 OH°自由基氧化反应都有影响。

在臭氧的实际应用中，微污染物（或痕量有机物）的氧化并不是一个主要任务，但有积极辅助作用。由于现代分析手段的快速发展，可以检测出原水中的大部分微污染物（其中有些对健康有潜在危害），因此人们对痕量有机物的氧化过程越来越感兴趣。由于多数污染物不能被臭氧直接氧化，这也是引进、研究 AOP 过程以提高痕量污染物去除率的一个主要原因。几乎在所有的情况下，目标化合物不能被矿化，只能转化为极性更强、分子量更小的代谢物。形成的化合物往往不能进一步与臭氧反应，即形成了最终产物。这些最终产物无法完全去除，因此设置后续处理单元就非常必要，如生物过滤系统（如果代谢物可生物降解）或活性炭吸附装置。在活性炭吸附中，氧化后的痕量污染物由于亲水性提高，其可吸附性较差。如果氧化产物残留在水中，建议进行毒理学评估，并与原始污染物的危害相比较。

关于臭氧和以臭氧为基础的 AOP 有很多出版物，它们阐述了纯水、模拟水或工业系统中的特定有机物的氧化过程（参阅 Langlais 等，1991；Camel 和 Bermond，1998；Hoigné 和 Bader，1983）。直接氧化（分子氧化）和间接氧化（自由基氧化）的动力学常数 k_D 和 k_R 已有报道，从而使我们可以深入研究氧化速率。但是，其他的水质指标也有很大的影响，尤其是对 OH° 自由基的间接氧化。"水体环境"的差异可能导致观察到的速率常数有很大的差别。

表 3-2 定性说明了饮用水处理厂中有机物预测去除效率。

饮用水处理厂臭氧氧化痕量有机物的去除率　　　　　　　　　表 3-2

物　质	去除率范围，%	备　注
味道和气味	20~90	视水源特性而定
甲基异冰片土臭素	40~95	AOP 过程改进：O_3/H_2O_2 与 O_3UV
烷烃	<10	
烯烃与氯代烯烃	10~100	氯含量有重要影响，AOP 可促进氧化
芳烃及氯代芳烃	30~100	多卤代苯酚较难氧化
醛，醇，碳酸	低	典型的臭氧氧化产物，易生物降解
含氮脂肪烃与芳香烃	0~50	AOP 可提高氧化率
杀虫剂	0~80	因具体物质不同而异，三嗪需要 AOP 处理
多环芳香烃	高，可达100	

3.2.4 颗粒物去除过程

所有的地表水都含有不同来源、粒径及种类的颗粒物，这些物质必须在供水之前有效去除。传染性胞囊和寄生虫卵囊（*Giardia* 贾第虫属，*Cryptosporidium* 隐孢虫属）粒径一般在 3~12μm，这些颗粒物会带来卫生问题，因此人们对改进颗粒分离过程产生了新的兴趣。根据原水水质，典型的颗粒物去除包括以下工艺：

- 快滤或慢滤
- 混凝/絮凝/深床过滤或混凝/絮凝/絮体分离
- 沉降或浮选以及快滤

近年来，已经对膜技术进行了研究，例如微滤、超滤技术，它们几乎可以完全去除颗粒物。

30多年前人们已经发现，在颗粒物去除之前进行预臭氧氧化，可以显著提高颗粒去除效率，降低混凝剂用量，提高流速，例如在深床过滤中就是如此。应当在加入混凝剂（铁盐、铝盐混凝剂或阳离子型聚合物）之前或同时加入很低投加量臭氧，如 0.5~2mg/L。在实际中已用"微絮凝（microflocculation）"或"臭氧诱导颗粒物脱稳过程（ozone-induced particle destablization）"等术语来描述这一过程（Jekel，1998）。

臭氧氧化涉及的机理相当复杂，已经提出了几种机理模型（请见 Jekel 的最新的综述，1998）。这些参考资料，以及其他试验性和实际应用结果表明，臭氧的用量存在一个最佳值，一般在较低的范围内，即 0.5~2mg L^{-1}，若以其对 DOC 的比值表示，则为 0.1~1mg mg^{-1} DOC。准确的最佳值必须通过组合处理试验确定。

与不用臭氧氧化去除颗粒物相比，采用臭氧氧化后的改进效果变化很大，据报道，过滤后水浊度可以降低 20%~90%，颗粒物数量也会减少。水中溶解性有机碳的存在常常是非常必要的，而且 DOC 至少应为 1mg L^{-1}。臭氧预氧化的效果与碱土金属离子，特别是钙离子的存在密切相关。

去除藻类通常是很困难的，臭氧预氧化对此有促进作用。臭氧预氧化可以与气浮联用，成为一种分离凝聚后水藻的有效方法。低投加量的臭氧不能破坏水藻细胞。在投加与不投加混凝剂的情况下，去除颗粒物的过程中，均可以检测臭氧预氧化效果。

还原性物质，如 Fe^{2+}，Mn^{2+} 或 NO_2^{-1} 等可以被快速氧化，也可以形成沉淀（形成 $Fe(OH)_3$，$MnO(OH)_2$），促进混凝过程。如果根据可氧化物质的量来确定预臭氧氧化的臭氧剂量，那么这种剂量在水中是不足以形成余臭氧的，但是在较清洁的水中，可以满足对水进行有效消毒所需的 $c-t$ 值，这表明在一定的反应时间内，溶解臭氧的浓度可维持足够高的水平。

臭氧预氧化反应器必须处理原水中的颗粒物，有时候与混凝剂混合反应池联合使用。含臭氧气体的投加装置可以是气体注射装置、径向扩散器和带叶片的涡轮。

图 3-1 是一个典型的含有臭氧预氧化去除颗粒物单元的地表水处理流程图。

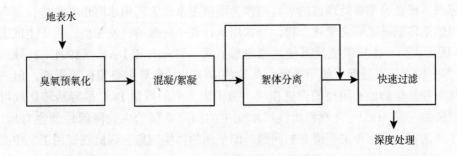

图 3-1 去除地表水中颗粒物流程图

3.3 臭氧氧化在废水处理中的应用

工业废水处理臭氧设施一般是指臭氧发生量高于 $0.5\ kg\ h^{-1}$ 的系统。在各个工业领域中都使用这样的设施，能够处理几乎所有类型的废水。废水臭氧氧化的运行条件取决于行业种类和废水种类。这些运行过程可以按下列方式分类：

- 整个处理流程（单纯化学工艺，化学/生物和化学/生物/物理的组合工艺）
- 应用（用于水循环使用的室内预处理，或用于间接排放到公共水处理设施的水，及用于直接排放至河流和海湾的管网末端的水处理）
- 去除化合物（有毒或有色物质的氧化转化，降低综合参数（DOC 或 COD），消毒或去除颗粒物）

与饮用水臭氧氧化系统相类似，根据臭氧应用的处理目的，以下章节分类讨论废水臭氧氧化的工业应用。

在很多工业应用中，能耗和氧气耗量被认为在经济上至关重要。通常采用臭氧氧化和生物降解过程相组合的工艺，可以降低臭氧用量和运行费用。目前，在大多数情况下，废水的臭氧氧化单元置于多级生物降解系统中的化学氧化之前，有时也置于化学氧化处理单元后面（即 O_3 - 生物处理 - O_3 系统）。

在工业废水臭氧氧化系统中，最常用的气液接触器是装有扩散器或文丘里注射器的鼓泡塔反应器，它们多数以串联逆流模式运行。很多反应器在加压（2~6Bar 绝对压力）状态下运行，以期达到较高的臭氧传质速率，这样又能提高整个工艺的效率。

3.3.1 消毒

在一些国家，如美国，废水排入受纳水体之前，需要对废水进行消毒以达到一定的水质标准，或者希望将处理过的水直接作为灌溉用水或工艺用水时也必须进行消毒。最常使用的消毒剂是氯或含氯化合物，与饮用水处理中所做的讨论相似，由于生成潜在的 DBP，因而人们对于臭氧氧化系统越来越感兴趣。Masten 和 Davies（1994）报导，美国有40多个城市污水处理厂使用臭氧。在这些应用中，臭氧主要用作消毒剂，但是对于去除气味和悬浮物也有间接的促进作用。由于出水中的残留 DOC 很容易转化成可生物降解有机物（或 AOC），在颗粒活性炭单元中的固定细菌的生物降解性能也有所改进。这对于水的直接回用带来了潜在的问题，即细菌的再生现象。因此在回用工艺中必须考虑到细菌的再生，尤其是致病细菌再生问题。

3.3.2 无机化合物的氧化

为了破坏废水中有毒物质而对无机化合物进行臭氧氧化，主要局限于氰化物的去除（Böhme，1999）。在金属加工和电子工业的电解处理工艺中，氰化物使用频繁，它可以以游离态 CN^- 的形式存在，但是更多的情况下是与铁或铜结合，以络合物形态存在。在氰离子浓度高于5mg L^{-1}时，臭氧与游离氰离子反应速度很快，表明反应可能由传质过程控制（Zeevalkink 等，1980），而络合的氰化物对于分子态臭氧的攻击作用非常稳定（Gurol 等，1985）。因此，在这种情况下，使用非选择性的羟基自由基更有前途。由于 H_2O_2/UV 高级氧化工艺具有高效、操作简便的特点，推荐在氰化物的处理过程中使用（FIGAWA，1997）。

通过臭氧氧化可以去除废水中亚硝酸盐（NO_2^-）和硫化物（H_2S/S^{2-}）。这两类物质与臭氧反应速度都很快（见表3-1）。然而，必须强调的是，也有一些经济高效的替代方法，如生物脱氮或去除硫化物。

3.3.3 有机化合物的氧化

工业废水中带来问题的物质大部分是有机物。通常，要处理所含物质不同、浓度各异的混合液（浓度可以从mg L^{-1}到g L^{-1}）。废水臭氧处理的主要任务是：

- 转化有毒化合物（通常发生在复杂体系中浓度相对较低的情况下）
- 对 DOC 中生物难降解的成分进行部分氧化，主要目的在于提高后续的生物降解性能
- 去除色度

与饮用水处理相似，很难用经济的方法将 DOC 完全矿化，建议采用臭氧氧化与其他工艺组合的方法。处理过程的成功与否是用总体 DOC 去除率来衡量。

臭氧氧化系统已经用于处理废水，如垃圾渗滤液、纺织、制药和化学工业的废水

(FIGAWA, 1997; Böhme, 1999)。这些水中的主要污染物是难降解有机物（Masten 和 Davies, 1994），可分类如下：

- 垃圾渗滤液中的腐殖质（褐色或黄色）和可吸附的有机卤化物（AOX, adsorbable organic halogens）
- 纺织废水中的有色（聚）芳香族化合物（这类物质常常与大量金属离子（Cu, Ni, Zn, Cr）混合在一起）
- 制药和化学工业产生的有毒或杀生性物质（例如杀虫剂）
- 化妆品和其他工业产生的表面活性剂
- 纸浆和造纸废液中的COD及有色物质

在废水臭氧氧化系统中，最常见的运行问题是产生泡沫，形成草酸钙、碳酸钙和氢氧化铁（$Fe(OH)_3$）沉淀物，它们很容易阻塞反应器、管道或阀门，也会对泵造成损坏。

在随后章节中我们将更详细地讨论使用臭氧氧化的目的、技术和效果。表3-3总结了废水处理中臭氧氧化的技术特征、运行参数和处理费用。

垃圾渗滤液—部分矿化作用

根据Böhme（1999）的统计，德国的垃圾处理场地中有32套工业臭氧氧化系统。然而，德国的生产商并没有将这类装置销往国外。这类臭氧氧化装置在德国广泛应用可能主要是由早期的法律规定造成的，这一法律促进了垃圾渗滤液的有效处理。一般来讲，这类装置的出水直接排放到受纳水体中，这要求出水COD低于200mg L^{-1}，可吸附的有机卤化物（AOX）浓度低于500μg L^{-1}，并且要求对鱼的毒性系数G_F低于2。

由于DOC（或COD）的复杂特性，臭氧氧化阶段主要在两个生物处理单元之间运行（即生物-臭氧氧化-生物）。在第一个生物处理阶段，可以很容易去除几乎所有的可生物降解有机化合物。生物处理阶段可以去除含氮物质；硝化/反硝化过程可以将铵、亚硝酸盐和硝酸盐降到很低的浓度。此时残余物通常是大量难生物降解的有机物，可以用臭氧来部分氧化这些难降解的物质，以提高其在后续生物处理中的生物降解性。该组合工艺的一个显著优点在于没有二次污染物产生，但是如果以活性炭处理代替臭氧-生物处理，则可能有二次污染产生。

由于处理成本相对较高，对垃圾渗滤液进行适当处理的要求促进了重要技术的开发。近来研究成功了很多新的处理工艺（见表3-3），如集合（循环）化学/生物工艺（如BioQuint® 或 Biomembrat® - Plus 系统），高级反应系统，如应用非均相催化臭氧氧化工艺（如Ecoclear® 或 Catazone® 系统），以及最近开发成功的碰撞区反应器（impinging zone reactor, IZR: Rüütel 等, 1998）。

表 3-3

废水臭氧氧化工业化装置的工艺特征、运行参数和处理费用一览表

参考文献	废水类型	处理系统类型	臭氧反应器数量与类型(操作压力)	臭氧产量 (kg O_3 h^{-1})	名义//实际水量 (m^3 d^{-1})	臭氧产率系数 $Y(O_3/M)(M=COD)$ (kg O_3 kg$^{-1}\Delta M$)	臭氧段投资马克 DM (百万)	单位成本(不计年金)(DM m^{-3})	备注
Siemes,1995	垃圾渗滤液	生物-O_3 UV-生物(连续)(未使用紫外线)	1BC(每 3 个并列化学单元)(5bar$_{abs}$)	36	200//100~400	2.0~3.0	2300	41.7	无法控制 pH(污垢检测);反应器,管道,泵中草酸钙沉积严重;形成泡沫废气污染臭氧-催化剂
Steegmans 等,1995	垃圾渗滤液	生物-O_3 UV-生物(连续)(未使用紫外线)	3BC(1bar$_{abs}$)	12	未测定/40~108	1.6~2.0	1700	5.8~9.7(能耗62.5,总)	乙酸钙沉积受到控制,循环至第一步生物处理,可变费用仅6%,优化潜力低
Scnalk, Wagner,1995; Kaplijn, 1997	垃圾渗滤液	生物-NF-生物(循环)	1BC 固定床催化剂(约 4bar$_{abs}$)	6	50±10// 未测定	1.5~1.8	未测定	未测定	Bionembral® Plus & ECOCLEAR®;臭氧用于钠浓缩液处理;臭氧传质速率<2.0kWh kg^{-1} O_3
Ried, Mielcke,1999	垃圾渗滤液	生物-O_3-生物(累积)	1BC	1~8	未测定/1.0~20	0.9~1.2	2~4	5~15	BioQuint® 工艺,1995 年起已有12个厂投入运行
Barratt 等,1996 Ruutel 等,1998	垃圾渗滤液	生物-O_3-生物(连续)	2 或 3BC+1ZR (1bar$_{abs}$)	12	70~140//≤250	BC:2.3~3.2 ZR:1.8~2.5(取决于HCO$_3^-$含量)	未测定	BC 和 ZR:30~100(取决于 COD 值)	传统 BC 文丘里系统,反应器由PVC制成,ZR 由二联钢制成(1446Z),用以处理高含量氯化物,无泡沫。臭氧转移速率2.0kWh kg^{-1} O_3
Maier, Harti,1995	纺织	O_3/UV	1BC(3bar$_{abs}$)	1~2	240//200~400	未测定	未测定	3.5	有污泥形成,阀门板粘住
Kaulbach,1996	纺织	生物-O_3	4BC(1bar$_{abs}$)	160	120000	未测定	未测定	0.22	主要是脱色,氧化表面活性剂至<1.5mg/L,水在纺约厂重新利用
Leitzke,1996	纺织	生物-O_3-生物	1BC	12	110//160	0.127①, 0.343①(M=DOC)	未测定	n.d.	脱色,去除聚乙烯醇(PVA)
BC Berlin, Consult,1996	纺织	MT-生物-O_3	3BC 与 3 生物处理并联	5	1750//500	约 1.4	4500	约 5	脱色,臭氧不用于COD去除
Krost,1995	工业	生物-O_3-生物	2BC(1bar$_{abs}$)	10~15	未测定// 144~600	约 1.5	465②	18	脱色,臭氧不用于亚硝酸盐,硝基芳香物,进水泡沫中有亚硝酸盐,芳香物,聚醚醇
Ried, Mielcke1999	纸浆,造纸	生物-O_3	未测定	40~100	未测定/300~1000	未测定	300~600②	0.10~0.50	最终处理,去除气味,色度,AOX,COD

MT=机械处理(过滤,沉降);①1=单位臭氧投加量(用量)(kg O_3 kg^{-1}M)(M)1US$(美元)=1.8DM(德国马克)(1999)。②设备费用,但不包含反应器的建造费用。

在化学/生物的组合工艺中，生物处理系统的出水多次循环进入臭氧反应器，反之亦然。由于更多的化合物被生物降解，而不是被深度氧化成矿化物，从而减少了臭氧单位吸收量（如 Ried 和 Mielcke，1999）。在非均相催化过程中，主要的氧化物不是 $OH°$，而是 $O^-°$，$O_2^-°$，$O_3^-°$ 等自由基，在特殊的活性炭催化剂表面，它们对已经吸附的污染物进行氧化（Kaptijn，1997）。

在相对较低的臭氧单位吸附量下，如对于进水臭氧的吸收量为 $0.5 \sim 1.8 g\ O_3\ g^{-1} CODo$ 时，几乎所有的处理系统都能达到出水标准（详见表 3-3）。

纺织废水—脱色

德国立法机构近来对于直接或间接排放的纺织废水，要颁布污水色度标准，由于臭氧对色度去除的潜力很大，因此，在过去 10 年间，臭氧在纺织工业的应用得到了广泛关注。特别是为了处理直接排放的纺织废水，有些处理厂已投入运行（表 3-3）。

臭氧氧化的主要目的是去除大流量污水中的不可生物降解的（残留的）色度，其次是去除表面活性剂或部分氧化 DOC，改进生物可降解性。另外，氧化单元一般是置于生物/化学/生物多级处理系统中使用，这样以很低的单位臭氧耗量和运行成本就可以达到简单的脱色效果（如 0.22 马克（DM）m^{-3}，Kaulbach，1996；又见表 3-3）。相比之下，如果脱色的同时还要达到很高的 DOC 去除率（如 >80%），成本可能很高，尤其是对于小型处理装置，例如室内预处理。

其他应用

德国化学工业中，位于 Schwarzheide 的巴斯夫（BASF）公司的工厂是少数几个大型应用臭氧范例之一，它装备了一台 $15 kg\ O_3\ h^{-1}$ 容量的臭氧发生器。生物-臭氧-生物处理系统可以处理来自聚氨酯泡沫生产的废水。它的主要目的是去除有毒和难降解硝基芳香族化合物，而 COD 去除率只占进水负荷的 4%（Krost，1995）。由于生物脱氮不彻底，需要消耗一定量的臭氧以氧化亚硝酸盐，而且臭氧反应器中会产生大量的泡沫，这给运行带来了很大困难。

世界上最大的臭氧工业系统在芬兰，用于纸浆漂白过程，其生产能力为 $420 kg\ O_3\ h^{-1}$。通过臭氧氧化，联合使用 $O_2 - H_2O_2 - O_3$，完全可以避免产生含氯化学物质，也可以避免产生高浓度 AOX，从而达到工厂按照"封闭式工厂"模式运作的要求。臭氧漂白的另一个优点是尾气中的氧气可供后续需要氧气的工序使用（Böhme，1999）。

3.3.4 颗粒物去除

如 A.3.2.4 节所述，虽然城市废水的臭氧氧化对于去除颗粒物只是一种辅助作用，但是也增强了颗粒物去除效果。有关臭氧氧化去除废水颗粒物更深入的应用目前还没有报导。

3.4 臭氧氧化的经济问题

最近15年来，臭氧生产系统的成本有了快速改变。根据Kaulbach（1996）的研究，该技术最大的进步在于：

- 由于中频技术的发展，单位面积电极可以产生更多臭氧
- 现代臭氧发生器将臭氧在氧气中的质量浓度由6%提高到14%
- 整体臭氧产生能力提高了2到3倍
- 单位能耗减少了40%（自从1990年以来）
- 操作的可靠性进一步提高

考虑到投资和运行成本，臭氧氧化仍然不是一种低廉的工艺。尽管安全运行已经不再是问题，臭氧氧化系统仍需要采取相当严密的安全防范措施，这就提高了投资费用。尤其是在小型处理装置中，投资和基建成本是不可忽视的，因为它们可能明显延长回报期。

表3-4列出了1954~1997年间德国工业公司所建立的臭氧应用厂家的数量，这可以作为实际应用中使用臭氧的经济重要性的指标，至少在德国和欧洲其他一些国家是如此。这些系统中约有90%是最近25年建立的，而且从1991年起增长速度非常快（Böhme，1999）。值得一提的是，与此相比，1992年美国只有大约60个水厂在使用臭氧（Masschelein，1994）。

总之，从消费者的观点来看，一个臭氧氧化系统必须满足下列技术和经济要求：

- 达到处理目标，如将污染物降低到法定值
- 使用最少量的臭氧（氧气）
- 保持低能耗
- 安全运行

前面的讨论总结了臭氧氧化系统所能达到的目标。后续章节将讲述如何设计和运行臭氧氧化系统以有效地达到这些目标。

1954~1997年间德国工业公司所建立的臭氧应用的厂家的数量
及其应用领域（Böhme，1999）　　　　　表 3-4

应用领域	厂家总数量	百分数（%）	典型臭氧用量	臭氧用量单位
饮用水处理				
饮用水	694	10.5	0.5~1.2	$g\ O_3\ m^{-3}$
饮料工业	772	12		
废水处理				
工艺用水	660	10	0.5~>3.5	$g\ O_3\ m^{-3}$
废水或废气	221	3	2~50	$g\ O_3\ m^{-3}$
			5~20	$g\ O_3\ m^{-3}$
渗滤液	32	0.5	0.5~3.0[①]	$g\ O_3\ g^{-1}\Delta COD$
纺织工业	6	<0.1	>0.13[②]	$g\ O_3\ g^{-1}\Delta COD$
纸浆漂白	9	<0.1	—	—
冷却水	47	0.7		
其他应用				
游泳池水	3587	55	1.0 (28℃)	$g\ O_3\ m^{-3}$
			1.5 (35℃)	
其　他	536	8		
总　计	6566	100		

①各种参考资料中的用量（见表3-3）。
②Leitzke（1996）文献中的用量。

参考文献

AbwVwV Anhang 38, Draft（1993）Allgemeine Rahmen – Abwasserverwaltungsvorschrift über Mindestanforderungen an das Einleiten von Abwasser in Gewässer – Rahmen – AbwasserVwV – Entwurf vom 1. 1993, Anhang 38（Abwasser aus der Textilherstellung/Textilveredlung）.

AbwVwV Anhang 51（1989）Allgemeine Rahmen – Abwasserverwaltungsvorschriftüber Mindestanforderungen an das Einleiten von Abwasser in Gewässer – Rahmen – AbwasserVwV – vom8.9.1989, Anhang 51（Ablagerung von Siedlungsabfällen）, GMBI. 40: Nr.25, S.527.

Barratt P A, Baumgartl A, Hannay N, Vetter M, Xiong F（1996）CHEMOX™: Advanced waste water treatment with the impinging zone reactor in: Clausthaler Umwelt – Akademie: Oxidation of Water and Wastewater, A Vogelpohl（Hrsg.）, Goslar 20. – 22. Mai.

BC Berlin Consult GmbH (1996) Textile waste water pre – treatment plant Görlitz, Technical Information.

Bigot V, Luck F, Paillard H, Wagner A (1994) Evaluation of advanced oxidation processes for landfill leachate treatment, in: Proceedings of the international ozone symposium "Application of ozone in water and wastewater treatment", Bín A K (ed.) Warsaw Poland May 26 – 27: 330 – 343.

Böhme A (1999) Ozone Technology of German Industrial Enterprises, Ozone Science & Engineering 21: 163 – 176.

Camel V, Bermond A (1998) The Use of Ozone and Associated Oxidation Processes in Drinking Water Treatment, Water Research 32: 3208 – 3222.

Chick H (1908) An Investigation of the Laws in Disinfection, Journal of Hygiene 8: 92 – 158.

FIGAWA (1997) Aktivierte Naßoxidationsverfahren zur Entfernung persistenter Stoffe aus Wasser und Abwasser, Techische Mitteilung 19 des FIGAWA Arbeitskreises "Naßoxidation", bbr Wasser und Rohrbau 6: 1 – 11.

Gurol M D, Bremen W, Holden T (1985) Oxidation of cyanides in industrial wastewaters by ozone, Environmental Progress 4: 46 – 51.

Haag W R, Hoigné J (1983) Ozonation of bromide – containing waters: kinetics of formation of hypobromous acid and bromate, Environmental, Science & Technology 17: 261 – 267.

Hoigné J, Bader H (1983) Rate constants of reactions of ozone with organic and inorganic compounds in water – II. Dissociating organic compounds, Water Research 17: 185 – 194.

Hoigné J, Bader H, Haag W R and Staehelin J (1985) Rate constants of reactions of ozone with organic and inorganic compounds in water – III. Inorganic compounds and radicals, Water Research 19: 173 – 183.

Jekel R M (1998) Effects and Meechanisms involved in Preoxidation and Particle Separation Processes, Water, Science and Technology 37: 1 – 7.

Kaptijn J P (1997) The Ecoclear® Process. Results from Full – Scale Installations, Ozone Science & Engineering 19: 297 – 305.

Kaulbach R (1996) Ozone technology for waste water treatment: AOX and COD removal from landfill leachates with ozone and Radical Reactions in: Clausthaler Umwelt – Akademie: Oxidation of Water and Wastewater, Vogelpohl A (Hrsg.), Goslar 20. – 22. Mai.

Koudjonou B K, Croué J P, Legube B (1994) Bromate Formation during ozonation of bromide in the presence of organic matter, Proceedings of the first International Research Symposium on Water Treatment By – Products, Poitier, France, 29 – 30. September 1: 8.1 – 8.14.

Krost H (1995) Ozon Knackt CSB, WLB Wasser, Luft und Boden 5: 36 – 38.

Langlais B, Reckhow D A, Brink DR (Ed.) (1991) Ozone in Water Treatment – Application and Engineering. Cooperative Research Report. American Water Works Association Research Foundation:

Company Générale des Eaux and Lewis Publisher, Chelsea, MI, ISBN 0 – 87371 – 447 – 1.

Leitzke O (1996) Wastewater treatment with the combination of biology and ozonization in: Clausthaler Umwelt – Akademie: Oxidation of Water and Wastewater, Vogelpohl A (Hrsg.), Goslar 20. – 22. Mai.

Maier W, Hartel T (1995) Erfahrungen bei der Textilabwasserbehandlung mit Ozon, in: Vogelpohl A (Editor) 2. Fachtagung naßoxidative Abwasserbehandlung, CUTEC Schriftenreihe No. 20.

Masschelein W J (1994) Towards one century application of ozone in water treatment: scope – limitations and perspectives, in: A K Bin (ed.) Proceedings of the International Ozone Symposium "Application of Ozone in Water and Wastewater Treatment" May 26 – 27: 11 – 36, Warsaw Poland.

Masten S J, Davies S H R (1994) The use of ozonation to degrade organic contaminants in wastewaters, Environmental Science & Technology 28: 181A – 185A.

Ried A, Mielcke J (1999) The State of Development and Operational Experience Gained with Processing Leachate with a Combination of Ozone and Biological Treatment, Proceedings of the 14th Ozone World Congress.

Rüütel, P I L, Sheng – Yi Lee, Barratt P, White V (1998) Efficient use of ozone with the CHEMOX^{TM} – SR reactor, Knowledge Paper No. 2, Air Products and Chemicals Inc., Walton on Thames, England.

Schalk P, Wagner F (1995) Neue Verfahrensentwicklung zur reststoffarmen Sickerwasserreinigung, WLB Wasser, Luft und Boden 6: 40 – 46.

Siemers C (1995) Betriebserfahrungen mit der Deponiesickerwasserkläranlage Baunschweig, in: Vogelpohl A (Editor) 2. Fachtagung naßoxidative Abwasserbehandlung, CUTEC Schriftenreihe No. 20.

Steegmans R, Maurer C and Kraus S (1995) Betriebserfahrungen bei der Sickerwasserbehandlung auf der Deponie Fernthal in: Vogelpohl A (Editor) 2. Fachtagung naßoxidative Abwasserbehandlung, CUTEC Schriftenreihe Nr. 20.

Von Gunten U, Hoigné J (1994), Bromate formation during ozonation of bromide – containing waters: interaction of ozone and hydroxyl radical reaction, Environmental, Science and Technology 28: 1234 – 1242.

Watson H E (1908) A note on the variation of the rate of disinfection with the change in the concentration of disinfectant, Journal of Hygiene 8: 536 – 542.

Zeevalkink J A, Vlisser D C, Arnolds P and Boelhouwer C (1980) Mechanism and kinetics of cyanide ozonation, Water Research 14: 1375 – 1385.

B 臭氧的应用

- ◇ 1 实验设计
- ◇ 2 实验装置和分析方法
- ◇ 3 传质过程
- ◇ 4 反应动力学
- ◇ 5 臭氧氧化过程模拟
- ◇ 6 臭氧在组合工艺中的运用

1 实验设计

在饮用水、废水和工艺用水等处理中，已经进行了大量的臭氧氧化研究。然而对于臭氧氧化的机理和臭氧氧化的应用潜力还有待进一步深入探讨，因而将来我们还要进行大量的实验研究。由于臭氧氧化对处理系统的高度依赖，因此不仅仅科研人员，还有工程设计人员、设备生产厂家和臭氧体系用户都将继续进行小试或实验研究。对于实际工程的任何一个体系，都必须进行实验室试验。这就意味着我们不仅要知道臭氧氧化机理的基本问题，还必须要知道怎样设计试验，以便对得出的结果进行解释和推演。

要得到好的结果，必须正确设计实验，这看起来是不言而喻的，但是对于臭氧，人们往往低估了实验体系的复杂性。本章的目的是介绍实验的设计过程，并以实际应用为重点。这一章也为本书后面的内容提供了概要，有助于读者理解这种复杂性。首先本章介绍了一些基础理论，并熟悉一些影响臭氧氧化过程的参数（见 B1.1）。当然了解这些参数的相对重要性以及它们是如何影响臭氧氧化过程也是必要的，这些内容将在书中其他部分介绍。在介绍了基本理论后，本章介绍了实验设计过程（见 B1.2）。作者以表格的形式提供了设计程序，以便在实际工作中可以查阅。同样，B1.3 将臭氧有关数据列成表格，这对实验人员将来的工作有很大的参考价值。

合理的实验设计可以达到事半功倍的效果。当然一个实验人员在工作过程中总是要遇到一些意想不到的不利因素，深思熟虑可以减少这些影响，甚至将其转化为有利因素。

1.1 影响臭氧氧化的参数

在实际工作中我们将会看到，在建立实验装置之前需要做很多工作。在图 1-1 中，我们可以看到实验装置由下列几部分组成：臭氧发生器、反应过程和安全检测仪器、处理水的臭氧氧化反应器。每一套实验装置都不完全相同，这取决于实验目的和实验条件。

在开始研究之前，我们必须准确确定反应体系，这个系统中至少有一个臭氧源，要进行氧化的含一种或多种我们感兴趣的化合物 M 的水，同时还需要一个反应容器（反应器）。反应器可以是图 1-2 表示的带搅拌器的反应罐。表 1-1 中列出了表征这一体系的必要参数。

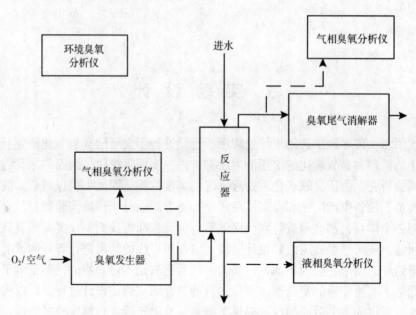

图 1-1 臭氧实验装置的基本单元

影响反应系统的主要参数　　　　　　　　　　表 1-1

参　　数	符　　号
气体和液体流速	Q_G, Q_L
反应器体积	V_L
进水、出水和反应器内浓度	
— 气相中臭氧	c_{Go}, c_{Ge}, c_G
— 液相中臭氧	c_{Lo}, c_{Le}, c_L
— 液相中化合物 M	$c(M)_o$, $c(M)_e$, $c(M)$
其他与水相关的参数：	
引发剂浓度、终止剂、促进剂浓度	$c(I)_l$, $c(S)_l$, $c(P)_l$
离子强度	μ
表面张力	σ
pH	—
状态变量：	
温度和压力	T, P
系统参数	
传质系数	$k_L a$
臭氧在气相、液相的反应速率	r_G, r_L
污染物在液相的反应速率	$r(M)$

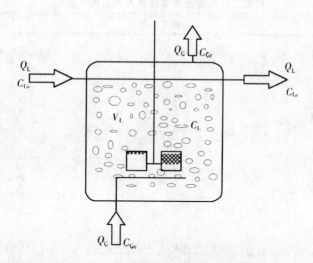

图1-2 连续罐式搅拌反应器中臭氧总量平衡所需的参数（半间歇式反应中 $Q_L=0$）

有了这些参数，我们可以建立体系的质量平衡，这是评价实验结果的基础。假设在连续罐式搅拌反应器（CFSTR）气相和液相中物料都完全混合（$c_L = c_{Le}$、$c_G = c_{Ge}$），则气体（如臭氧）吸收的质量平衡如下：

液相：

$$V_L \cdot \frac{dc_L}{dt} = Q_L(c_{Lo} - c_L) + K_L a \cdot V_L(c_L^* - c_L) - r_L \cdot V_L \tag{1-1}$$

气相：

$$V_G \cdot \frac{dc_G}{dt} = Q_G(c_{Go} - c_G) - K_L a \cdot V_L(c_L^* - c_L) - r_G \cdot V_G \tag{1-2}$$

稳态时总的物料平衡：

$$Q_G(c_{Go} - c_G) - r_G \cdot V_G = Q_L(c_{Lo} - c_L) - r_L \cdot V_L \tag{1-3}$$

假设化合物 M 是不挥发、不发生气提，则液相中 M 的质量平衡如下：

$$V_L \cdot \frac{dc(M)}{dt} = Q_L(c(M)_o - c(M)) - r(M) \cdot V_L \tag{1-4}$$

表1-2列出了分析数据和讨论结果所必须的计算参数。

臭氧氧化实验重要参数及其关系式一览表　　　　　表 1-2

参　数	单　位	半间歇式系统	连续式系统
臭氧投加量或进气速率 $F(O_3)$	mg L^{-1} s^{-1}	$F(O_3) = \dfrac{Q_G \cdot c_{Go}}{V_L}$	$F(O_3) = \dfrac{Q_G \cdot c_{Go}}{V_L}$
臭氧消耗速率① $r(O_3) = r_L$	mg L^{-1} s^{-1}	$r(O_3) = \dfrac{1}{n}\sum_{i=1}^{n}\overline{r(O_3)}(\Delta t_i);\ \Delta t_i$ 为定值 $\overline{r(O_3)}(\Delta t_i) = \dfrac{Q_G\{c_{Go} - \overline{c_{Go}}(\Delta t_i)\}}{V_L} - \dfrac{\overline{c_L}(\Delta t_i)}{\Delta t_i}$	$r(O_3) = \dfrac{\dfrac{Q_G}{Q_L}(c_{Go} - c_{Ge}) - c_{Le}}{t_H}$
臭氧吸收速率② $r_A(O_3)$	mg L^{-1} s^{-1}	$r_A(O_3) = \dfrac{1}{n}\sum_{i=1}^{n}\overline{r_A(O_3)}(\Delta t_i);\ \Delta t_i$ 为定值 $\overline{r_A(O_3)}(\Delta t_i) = \dfrac{Q_G\{c_{Go} - \overline{c_{Ge}}(\Delta t_i)\}}{V_L}$	$r(O_3) = \dfrac{\dfrac{Q_G}{Q_L}(c_{Go} - c_{Ge})}{t_H}$
污染物去除率① $r(M)$	mg L^{-1} s^{-1}	$r(M) = \dfrac{c(M)_o - c(M)_e}{t_e - t_o} = \dfrac{c(M)_o - c(M)_e}{t_R}$	$r(M) = \dfrac{c(M)_o - c(M)_e}{t_H}$
臭氧单位投加量 I^*	g O$_3$ g^{-1} M	$I^* = \dfrac{m(O_3)_o}{m(M)_o} = \dfrac{Q_G c_{Go} t_R}{V_L c(M)_o} = \dfrac{F(O_3)}{c(M)_o} t_R$ $= F^*(O_3) t_R$	$I^* = \dfrac{Q(O_3)}{Q(M)_o} = \dfrac{Q_G c_{Go}}{Q_L c(M)_o}$
臭氧单位吸附量 A^*	g O$_3$ g^{-1} M	$A^* = \dfrac{\Delta m(O_3)}{m(M)_o}$ $= \sum_{i=1}^{n}\dfrac{Q_G\{c_{Go} - \overline{c_{Ge}}(\Delta t_i)\}\Delta t_i}{V_L c(M)_o}$	$A^* = \dfrac{\Delta Q(O_3)}{Q(M)_o} = \dfrac{Q_G(c_{Go} - c_{Ge})}{Q_L c(M)_o}$
臭氧转移速率 $\eta(O_3)$	%	$\eta(O_3) = \dfrac{A^*}{I^*} = \dfrac{\Delta m(O_3)}{m(O_3)_o}$	$\eta(O_3) = \dfrac{A^*}{I^*} = \dfrac{c_{Go} - c_{Ge}}{c_{Go}}$
污染物去除率 $\eta(M)$	%	$\eta(M) = \dfrac{c(M)_o - c(M)_e}{c(M)_o}$	$\eta(M) = \dfrac{c(M)_o - c(M)_e}{c(M)_o}$
臭氧消耗系数① $Y(O_3/M)$	g O$_3$ g^{-1} M	$Y(O_3/M) = \dfrac{r(O_3)}{r(M)} = \dfrac{\overline{r(O_3)} t_R}{c(M)_o - c(M)_e}$	$Y(O_3/M) = \dfrac{r(O_3)}{r(M)} = \dfrac{c_{Go} - c_{Ge}}{c(M)_o - c(M)_e}$
传质增强因子 E	—	$E = \dfrac{r(O_3)}{k_L \alpha (c_L^* - c_L)}$	$E = \dfrac{r(O_3)}{k_L \alpha (c_L^* - c_L)}$
① c_{Ge} 或者 c_L 的进一步计算(Δt_i 时间内的平均值)	—	$\overline{c_{Ge}}(\Delta t_i) = \dfrac{(c_{Go} + c_{Ge}(\Delta t_i))}{2};$	$\overline{c_L}(\Delta t_i) = \dfrac{(c_{Lo}(\Delta t_i) + c_{Le}(\Delta t_i))}{2};$ $t_R = n$ $\Delta t_i = t_e - t_o$

臭氧实验的表征参数　　　　　　　　　　　　　　　表 1-3

要求	反应体系		试验过程	结果评价	
	反应器	水	臭氧氧化（输入）①	臭氧用量①	污染物去除率①
常规参数	V_L, h, d	$c(M)_0$	Q_G, Q_L	$\eta(O_3)$	$\eta(M)$
	k_La, E	pH	t_R 或 t_H	$r(O_3)$	$r(M)$
	n_{STR}	$c(TIC)$②	$c_{G0}(c_L^*)$	c_L	
	T, P		$F(O_3)$ 或 I^*	A^*③	
				$Y(O_3/M)$③	
	反应器类型	缓冲剂种类	pH 控制	c-t 值	
动力学评价	—	—	—	$k_D(O_3)$④	$k_D(M), k_R(M)$

① 适于每个阶段、每一种污染物及整个系统。
② HCO_3^- 和 CO_3^{2-} 的总浓度。
③ 在废水的臭氧氧化实验中更重要。
④ 在饮用水的臭氧氧化实验中重要。

如果提供所有参数，不仅信息量太大，而且非常繁琐，但是如果不提供全部参数，那么应该选用哪些数据呢？对于表征实验的参数，应该根据用途进行分类，例如描述体系状况参数和描述反应过程参数，用它们可以评价实验结果（表1-3）。如表1-2所示，很多计算得到的参数是相关的，所以表1-3中只提供了包含多数参数的信息。除了运行参数外，关于臭氧的参数，即臭氧的消耗速率 $r(O_3)$、臭氧的单位投加量或者输入量 I^*、臭氧的单位吸收量 A^* 等，以及污染物去除效果的参数，也就是污染物初始浓度 $c(M)_0$ 和污染物去除率 $\eta(M)$，也同样是必不可少的。利用组合参数可以对实验结果进行快速比较，如臭氧消耗系数（$Y(O_3/M)$）。

在发表的文献中，最常见的缺陷并不是实验结果提供的信息量太大，而是信息量太少，而且对于系统和实验结果的描述也不恰当，因此很难进行结果比较。

1.2　实验设计过程

在进行重要的实验之前，好的实验设计包括实验开始之前的很多准备工作。实验设计步骤大体可以分为六类（见图1-3）。可能"步骤"这个术语在此并不恰当，因为这些步骤并不是连续实施的。实际应用中往往是不断尝试可行性方案，先进行初步实验，然后不断地进行改进。

这个过程包括确定实验目的，选择并安装实验装置，评价不同操作条件下反应体系性能。按照实验目的优化体系的运行条件，并在相应条件下对体系进行表征。另外还要选择分析方法和数据处理方法、计算相应误差，分析灵敏度等。此后，再对实验方法进行细微调整，以保证达到实验目的。下一步就是进行实验和数据处理，最后对实验结果进行评估，检验是否达到预期的目的，能否建立模型并且成比例放大。

在过去的十几年中，人们运用统计学来辅助实验设计，并取得了很大的进展。在实验设计方法方面最重要的是，建立一个数学模型，使人们可以同时改变所有的相关参数，通过很少的实验就可以完成实验设计。这方面的内容已经超过了本书的范围，有兴趣的读者可以参阅其他文献（Box，1978；Bayne 和 Rubin，1986；Haaland，1989；Morgan，1991），或者在因特网上查找最新的设计软件。

为了让读者能够更为直观了解实验设计的有关问题，我们将实验设计过程列成了表格的形式。虽然此表不是很完善，但是可以帮助初学者着手工作。我们在这一部分开头就将表列出，使读者大概了解实验设计所必需的内容。开始每个读者都会花上或多或少的时间来统览这个表格，并且当开始计划实际工作时还会回头查阅这个表格。但是必须以审慎的态度使用这个表格，确认对所做工作的适应性，要根据实际情况不断地改进、补充，以使实验设计更加完善。

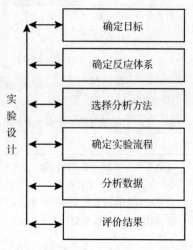

图 1-3 实验设计的主要步骤

实验设计清单

1. 确定实验目的

实验目的可能是以下一种或几种：
— 确定工艺的可行性。
— 确定达到一定污染物去除效率的最小臭氧使用量。
— 确定反应动力学。
— 确定放大试验程序。
— 确定最佳工艺或工艺组合。
— 其他。

2. 确定体系

水或废水
- 确定水或废水的组成。是否有有机物或者无机物存在？是否能够确定化合物类型？怎样量化这些物质（利用集合参数还是单参数进行分析）？
- 用配制水或废水检验一些推测的正确性。
- 查阅关于可生物降解过程的最新文献，确定待处理物质生物降解性。

续表

- 对臭氧氧化过程中某种物质可能发生的反应和水环境进行理论分析。
- 确定可能的氧化产物和测试方法。
- 考虑原水中含有的离子或者是反应产生的离子是否会在氧化反应中起到促进剂、抑制剂或者终止剂的作用（见 A2），是否会影响体系的传质过程（见 B3.3）。

氧化剂

- 选择适当类型的化学药剂，检查是否有更有效、更经济的类似或更有竞争力的氧化方法(例如高级氧化技术)。
- 考虑组合处理工艺，例如氧化法和生物法结合的处理工艺。
- 考虑组合工艺中每一个处理步骤的技术限制，通常组合工艺的可行性（经济上）往往取决于氧化工艺的效果和效率。
- 如果选臭氧作为氧化剂，选两种最为常见的臭氧发生器，比较其产率与系统参数之间的关系，确定最佳的方案（见 B2.2）。

反应体系（化学和生物反应体系）。

- 选择反应器及运行方式，间歇式或连续式。
- 在安装设备之前考虑每一种反应器可能的优缺点，考虑诸如反应器容积、泵、储存液体、反应周期的长短等因素。
- 在充分考虑安全因素的基础上，搭建并运行反应器。

总系统

- 通过测量停留时间的分布来分析反应器的流体力学特性（见 Levenspiel，1972，1999）。
- 如果可能，选用同一种要氧化的水，在确定的运行条件下，通过测定其传质系数来分析传质过程。
- 按照实验目的确定最佳反应条件。
- 在上述条件下，对体系进行表征。

3. 选择分析方法

氧化剂

- 见 B2.5

污染物和水体

- 在有条件的情况下，测量水体的 TOC 和 TIC（total inorganic carbon，总无机碳），因为 TIC 的值表示水中终止剂的含量。
- DOC 的值是反映水中污染物去除效果的最佳参数，它是唯一可以表征化学过程和生物降解过程中矿化程度的参数。
- 测量表示水中芳香族化合物量的 SAC_{254} 值（spectral absorption coefficient，在 254nm 的吸光系数）和表示水中腐殖质量的 SAC_{436} 值。
- 因为水中有很多无机物（如 NO_2^-、H_2O_2），以及不同氧化态物质干扰 COD 的测定，故 COD 值不能反映矿化度，所以不测定 COD。
- 根据各种污染物的特点选用不同的分析手段（如：GC、HPLC、LC、MS 等）。
- 取样后通过加入 Na_2SO_3，可以阻止氧化反应进一步进行。
- 原水中含有的，以及氧化反应中生成的离子（HCO_3^-，CO_3^{2-}，Cl^-，NO_2^-，NO_3^-，SO_4^{2-}，PO_4^{3-} 等）要用离子色谱测量。

续表

- 因为反应可能产生有机酸导致 pH 变化，所以要连续控制 pH 值。
- 分析测量误差以及其对实验结果产生的影响，例如可以利用高斯误差传播法对于敏感性进行分析。

毒性
- 见 A1 和 B6.4。

4. 确定实验步骤

- 确定要获得哪些信息才能完成预定的实验目的。
- 确定维持反应平衡的参数，最好是用实时监控的方法来确定实验参数。
- 确定和贯彻质量保证手段，以保证实验的重现率，并且减少误差。
- 预先测定：
  —— 水中有机和无机母体化合物的数据。
- 在线检测：
  —— 进口处臭氧的浓度。
  —— 出口处臭氧的浓度。
  —— 液相中臭氧和污染物的浓度。
  —— 水中有机和无机母体化合物的信息（例如，SAC_{254} 和 SAC_{436}）。
  —— pH 值。
  —— 温度。
- 实验中或者实验后测定。
  —— 液相中氧化剂和污染物的浓度（没有条件在线检测的情况）。
  —— 水中有机和无机母体化合物的信息。

AOP 的情况下：
  —— $F(H_2O_2)/F(O_3)$：单位过氧化氢投加速率。
  —— O_3/UV：关于紫外线强度、波长、亮度和穿透力的详细信息。
- 通常每一实验至少单独进行两次，以检验实验的重现性。

5. 分析数据

- 评估每一步以及整个体系的处理结果。
- 如果要考虑矿化度，则以 DOC 为主要参数。
- 计算参数，如臭氧消耗速率 $r(O_3)$，臭氧消耗系数 $Y(O_3/M)$（见表 1-2）。
- 保证实验参数可以准确表征反应体系和实验结果，有助于其他的实验。

6. 评价结果

- 将实验结果与文献中报道的实验结果进行比较。
- 将实验结果与实验目的进行比较，检验是否完成预期目的。
- 如果达到预期目的，则可以根据实验建立模型，或进行放大实验。
- 如果没有达到预期目的，则必须重新进行实验。

重复上述过程！

1.3 臭氧相关数据

气态：蓝色气体

水溶液：浓度高于 20mg/L 时呈紫蓝色

臭氧的物理性质　　　　　　　　　表 1-4

指　标	数　值	单　位	参考文献
密度（标准状态，气态）	2.144	$g\ L^{-1}$	Ozonia, 1999
扩散系数	1.26×10^{-9}（20℃）	$m^2\ s^{-1}$（测量值）	Matrozov, 1978
	1.75×10^{-9}（20℃）	$m^2\ s^{-1}$（计算值）	Wilke 和 Chang, 1995[②]
	1.82×10^{-9}（20℃）	$m^2\ s^{-1}$（计算值）	Scheibel, 1958[②]
消光系数	3300（波长 254nm）	$L\ mol^{-1}\ cm^{-1}$	—
	3150（波长 258nm）		Hoigné, 1998
沸点	-112.0	℃	Ozonia, 1999
熔点	-196.0	℃	Ozonia, 1999
	-193.0	℃	Hoigné, 1998
分子量	48	$g\ mol^{-1}$	
氧化还原电位 E_0[①]（水溶液，pH=0，气体 O_2/O_3）	+2.07（25℃）	v	Hoigné, 1998
挥发热	681（标准状态）	$kJ\ m^{-3}$	Ozonia, 1999
黏度	0.0042（-195℃）	Pa s	Ozonia, 1999
	0.00155（-183℃）	Pa s	
溶解度，s ($H_c=s^{-1}$)[②] (101.3kPa)	0.64（0℃）	—	Ozonia, 1999
	0.50（5℃）	—	
	0.39（10℃）	—	
	0.31（15℃）	—	
	0.24（20℃）	—	
	0.19（25℃）	—	
	0.15（30℃）	—	
	0.12（35℃）	—	

[①] 引自 Reid 等 1977 年。

[②] 见 B3.1.3。

气相中臭氧浓度换算表[①]   表 1-5

臭氧浓度			换 算 公 式
c_G (wt.)[②] 质量 (%)	c_G (vol.) 体积 (%)	c_G (g m^{-1})	
1	0.7	14.1	理想气体定律:
2	1.3	28.4	$p(O_3) = c_G \dfrac{RT}{MW(O_3)}$
3	2.0	42.7	R 理想气体常数 (8.314 J mol^{-1}K^{-1})
4	2.7	57.2	$MW(O_3) = 48$ g mol^{-1}
5	3.4	71.2	$p(O_3) = y(O_3) \cdot P$
6	4.1	86.3	c_G 转化成 c_G (Vol)
7	4.8	101.0	$c_G (\text{vol.}) = \dfrac{c_G V_n}{MW(O_3) \, 1000} = y(O_3)$
8	5.5	115.9	V_n = 摩尔体积 (22.4 L mol^{-1})
9	6.2	130.8	$y(O_3)$ = 气体中臭氧的摩尔分数
10	6.9	145.8	(c_G (vol.) 乘以 100 为百分比浓度)
11	7.6	161.0	
12	8.3	176.2	
13	9.1	191.6	
14	9.8	207.0	
15	10.5	222.6	
16	11.3	238.3	
17	12.0	254.1	
18	12.8	270.0	
19	13.5	286.3	
20	14.3	302.1	

①标准状态 (STP); $T = 0℃$, $P = 1.013 \times 10^5$ Pa。
②氧气和臭氧混合物 (1ppm = 2mg m^{-3}, 20℃, 101.3kPa; 1ppm = 1cm^3 m^{-3})。

参考文献

Bayne C K, Rubin I B (1986) Practical Experimental Designs and Optimization Methods For Chemists, VCH Publishers Inc., Deerfield Beach, Florida.

Box G E P, Hunter W G, Hunter J S (1978) Statistice for Experimenters, John Wiley & Sons Inc., New York, Haaland P D (1989) Experimental designs in biotechnology, Marcel Dekker Inc., New York, Basel.

Hoigne J (1998) Chemistry of Aqueous Ozone and Transformation of Pollutants by Ozonation and Advanced Oxidation Processes, in; The Handbook of Environmental Chemistry Vol. 5 Part C, quality and Treatment of Drinking Water II, ed. By J Hrubec, Springer-Verlag, Berlin, Heidelberg.

Levenspiel O (1972) Chemical Reaction Engineering 2nd Edition, John Wiley & Sons Inc, New York.

Levenspiel O (1999) Chemical Reaction Engineering 3nd Edition, John Wiley & Sons Inc, New York.

Matrozov V, Kachtunov S, Stephanov S (1978) Experimental Determination of Molecular Diffusion, Journal of Applied Chemistry, USSR 49; 1251-1255,

Morgan E (1991) Chemometrics; Experimental Design, John Wiley & Sons Inc, New York.

Ozonia (1999) Ozone data (Iast updated; 05/17/1999), Ozonia Ltd, Duebendorf, Switzerland, WEB; http://www.ozonia.ch/ozonedat.htm, 21.01.2000.

Reid R C, Prausnitz J M, Sherwood T R (1977) The Properties of Gases and Liquids, 3ndED., McGraw-Hill, New York.

StatSoft, Inc, (1999) Electronic Statistics Textbook, Tulsa, OK; StatSoft, WEB http://www.statsoft.com/textbook/stathome.html.

Wilke C R, Chang P (1955) Correlation of Diffusion Coefficients in Dilute Solutions, American Institute of Chemical Engineering Journal 1: 264-270.

2 实验装置和分析方法

在一个实验体系中，实验装置和实验研究不是相互孤立的，所以实验装置和实验方法将直接影响到实验结果。这就意味着选择某个实验装置和步骤时，我们必须知道它们将会对实验结果产生怎样的影响，这也意味着一套用于饮用水处理的实验装置和工艺不能不加任何改进地直接应用于废水处理。反之亦然。通常臭氧氧化实验装置由臭氧发生器、反应器、流量计、进气和出气臭氧浓度在线分析仪和环境空气检测器等装置组成（见表2-1）。

本章将介绍实验装置中各个组成部分的重要性和对臭氧氧化效果的影响。首先介绍存放臭氧的容器对材料的要求（B2.1），接着介绍臭氧发生装置（B2.2），然后是反应器（B2.3）。随后介绍臭氧的测定方法以及各种方法的优缺点（B2.4），另外还讨论了安全问题（B2.5）。最后介绍我们这些年来遇见的一些常见的问题、不足和易犯的错误。这些内容或许对要进行实验的人们有所帮助。

抗臭氧的材料（Saechting，1995） 表2-1

系统组成	首选材料	备注
反应器	（石英）玻璃	
	不锈钢（No.1.4435 或 No.1.4404）	
	聚氯乙烯（PVC）	
分散器	陶瓷	
	聚四氟乙烯（PTFE）	价格昂贵
管道和阀门	玻璃	易于破碎
	不锈钢	含盐量高时可能很快腐蚀
	聚四氟乙烯（PTFE）	PTFE、PFA 和 Kalrez® 价格昂贵
	全氟烷氧烃（PFA, perfluoralkoxy）	很难氧化，很长时间后仍然稳定
	Kalrez®（杜邦公司）	
	聚氯乙烯（PVC）	PVC、PVDF、PVA 价格较便宜
	聚偏二氟乙烯（PVDF）	缓慢氧化，长时间使用后不稳定
	聚烷氧基乙烯（PVA）	
密封	聚四氟乙烯（PTFE）	
	全氟烷氧烃	
	Kalrez®（杜邦公司）	

2.1 与臭氧接触的材料

臭氧是强氧化剂,所以和臭氧接触的材料必须具有很强的抗腐蚀性,因此我们必须考虑臭氧发生器和整个系统中所有装置(图2-1、表2-1)的抗腐蚀性。

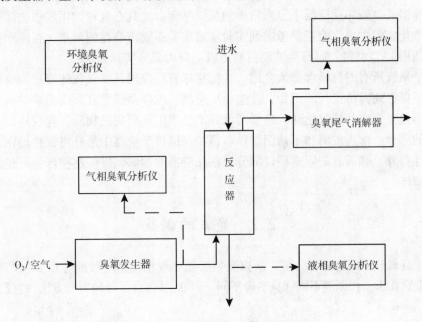

图2-1 臭氧氧化实验装置的组成部分

2.1.1 中试应用和实际应用材料

在实际应用中,即使不锈钢尾气管道也曾经发生过很快腐蚀的现象(几个星期就被腐蚀出孔洞,尤其在焊接不好的地方)。当气溶胶(例如气体中含氯)从反应器流向管道时形成一层腐蚀性很强的液膜,这种现象尤为明显。但是在不锈钢中试和实际运行反应器中也会发生腐蚀现象,尤其在处理废水时更容易发生。为了能够在较高的压力下运行,例如,200~600kPa,商业用途的臭氧发生器最好用不锈钢制作(Masschelein,1994)。

PVC是一种较为便宜的材料,可以制作实验室的反应装置,然而它会被臭氧缓慢地不断腐蚀。利用PVC管道可以很容易制造鼓泡塔和管式反应器。通常气体密封是通过焊接来实现,但是这样的装置只能在常压下运行(约为100kPa),不过关于实际工程运用的报道较少(见表A3-3)①。

---

① 译注:原文为表A3-5。

2.1.2 实验室实验所用材料

选择实验室实验所用材料时,不仅要考虑其抗腐蚀性,还要考虑材料是否会影响臭氧的分解。一些金属(如银)或金属密封材料会显著加速臭氧的分解。这种现象在饮用水和高纯水行业中更容易发生,不仅造成水质污染而且增加臭氧的额外消耗。特别是臭氧的额外消耗会破坏反应器中原来精确的反应平衡,尤其在处理饮用水中去除微污染物的臭氧氧化实验中更为明显。考虑到实验室对实验系统清洁性的要求,在废水处理实验中建议选用 PVC 材料,而石英玻璃材料可以适应大部分实验要求。

整个系统所有的材料都必须合适,这就意味着反应器、臭氧气体管道和臭氧氧化的水的管道都必须谨慎选择。例如,在选择反应器、取样系统尤其是密封装置所用材料选择时,不仅要考虑其抗氧化性,还要考虑其不会吸附要研究的物质。建议将反应器和液体接触的部分全部用玻璃和不锈钢制作。例如在搅拌反应器中最好将搅拌轴密封圈(除磁力搅拌器外)和所有的管道接口部分放在反应器的顶部,以使这些部件不接触到强氧化性的液体。

2.2 臭氧的制备

由于臭氧分子不稳定易分解,所以臭氧必须在现场生产。目前有很多生产臭氧的方法,其差别在于工作原理不同和臭氧源不同。表 2–2 综合了各种生产方法和它们的差异。

各种臭氧发生器的类型、工作原理和应用领域 表 2–2

臭氧产生方法	工作原理	臭氧源	应用领域
电学方法	放电作用(ED)	空气或氧气	从实验室到实际应用的一般要求的场所
电化学方法	电解(EL)	(高纯度)水	多用于纯水生产行业以及实验室和小规模的工业应用
光化学方法 ($\lambda < 185nm$)	辐射	氧气(空气) 饮用水或高纯水	新技术,实验室和工业应用
放射化学方法	X–射线、γ–射线	高纯水	应用较少仅限于实验室
热力学方法	弧光离子化作用	水	应用较少仅限于实验室

前两种方法,即放电法和电解法是目前在实验室研究和实际生产中具有实际意义的方法,我们在以后的章节中将进一步讨论这两种方法。

利用氧气或者空气在放电室放电来制造臭氧是一种应用最为广泛的方法(Masschelein,1994)。考虑到臭氧是 3 个氧原子构成的分子,所以从氧气直接制造臭氧应该是可行的。近年来，用电化学方法，即电解水的方法制造臭氧已经在某些特殊行业得到重视。尤其在一些已经生产工艺高纯水（通过蒸馏、纳滤或者反渗透等工艺），或者能够容易而且经济高效地生产臭氧所需纯水的行业，这种方法更具应用价值。

2.2.1 放电式臭氧发生器（EDOGs）

放电式臭氧发生器也称作无声放电臭氧发生器，通过给气体加上高压交流电使氧气分子离子化。无论在常压下或者高压（P_{abs} = 100~600kPa）下，空气或者氧气都可以作为气源。离子化的氧原子和未离子化的氧分子结合生成臭氧原子。在这个反应中只有4%~12%的能量用于形成臭氧，其他的能量都转化成热量（Ozonek 等，1994）。因为臭氧在高温下容易分解，臭氧的临界分解温度为 50℃，所以必须安装有效的冷却系统。实际应用中臭氧气体被冷却到 5~10℃（Krost，1995）。新近开发的电极双侧冷却系统可以有效提高能量的利用率（ASTeX，1997）。

放电室有板式和管式等多种不同几何形状的形式。常用的典型放电室是管状的，通常称为 Van der Made 型放电室或者 Welsbach 型放电室（图 2-2）。中心棒状电极技术是近几年才发展起来的，适用于以纯氧为气源的发生器（Masschelein，1994）。

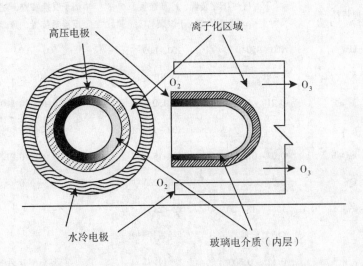

图 2-2 管状放电臭氧发生器（EDOG）的工作原理

在实际应用的放电臭氧发生器中，通常使用中频（200~650Hz）高压系统（8500~10000V）。一个发生器中含有几千个无声放电电极，用喷镀金属膜的玻璃作为电介质，以纯氧为原料，产量最多可达100kg O_3 h^{-1}。单位能量消耗速率为12~18kWh $kg^{-1}O_3$。

与上面相反，实验室用高级臭氧发生器通常在高频下工作，并且以普通交流电为电源，电压为 230 或 380V，频率为 50 或 60Hz。系统中电极数量很少（1~2个）。系统中的电极的形状、电介质材料、冷却系统变化很大。一些厂家用陶瓷做电介质，其导热效率很高（Samoilovitch，1994）。如果以纯氧为气源，臭氧生产能力为 0.001~0.2kg O_3 h^{-1}，浓度可以达到 c_G = 150g O_3 m^{-3}，单位能耗为 15~18kWh $kg^{-1}O_3$（ASTeX Sorbios，1996；ASTeX，1997）。

表 2-3 列出了实验装置和实际应用装置的主要运行参数和特性参数。

放电法和电解法臭氧发生器的特征运行参数　　　　表 2-3

参数	单位	臭氧发生器类型		
—	—	放电法（ED）		电解法（EL）
参考文献	—	ASTeX Sorbios，1996 Krost，1995		Ozonia，1991
		实验室实验	实际应用	实验室实验
生产原料		空气或氧气		高纯水，电导率 < 20μScm^{-1}
原料预处理装置		气体压缩装置、冷却装置、过滤装置、干燥装置		离子交换装置，超滤或纳滤装置，反渗透装置，蒸馏装置
P_{abs}	kPa	150~450	200~600①	600~700
T_G 或 T_L	℃	4~16	5~10	<30
Q_G 或 Q_L	m^3 h^{-1}	0.210~1.38（STP）	0~150（STP）	0.100~0.200
c_G 或 c_L	g m^{-3}	280	100~180	15~30②
O_3 产率	kgO_3 h^{-1}	0.03~0.20	10~15	0.003~0.012
需要功率	kW	0.5~3.0	120~280	0.5~1.0
单位能耗	kWh $kg^{-1}O_3$	15~(18) 20（纯氧原料）	12~28（纯氧原料）	300
Q_{LG}	m^3h^{-1}	0.125~0.600	空气冷却	臭氧氧化后的水冷却

①在 Masschelein（1994）的装置中可以达到 600 kPa 的压力，但是没有在 BASF - Schwarzheide 的装置中用过。
②臭氧在 30℃，100kPa 时的最大溶解度：c_L^* = 0.23c_G。

原料气体类型及其制备

用氧气还是用空气作为原料气，决定了产出臭氧的浓度和制备要求。进气中氧气含量越高，出气中臭氧浓度越高。空气中含有21%的氧气（STP，体积比），是一种便宜而丰富的生产臭氧的原料。主要用在对臭氧需求量很大，但是浓度要求较低的场所，例如饮用水的臭氧处理系统。

用空气作为原料气的主要缺点：

- 需要高质量的空气处理系统，包括压缩系统、冷却系统、过滤系统和干燥系统（Horn 等，1994）
- 可能产生氮氧化物（NO、N_2O、NO_2、N_2O_5）（Wronski 等，1994）

空气必须干燥至露点 -70℃（P_{abs} = 1bar），这样可以有效地防止对发生器和管道的腐蚀。而在实验室中，多用氧气作为气源，只需要将其干燥至露点 -40℃。当然对干燥的要求越严格，消耗的能量就越多。在实际应用中，以空气为原料的单位能量消耗（kWh kg^{-1} O_3）是以氧气为原料的两倍（Horn 等，1994）。

从理论上讲，以氧气作气源生产臭氧达到的浓度是以空气作气源的5倍。实际应用中以空气为气源的EDOGs产出的臭氧气体浓度为 c_G = 3% ~ 4%（质量百分比），而以氧气为气源浓度则为10% ~ 13.5%（质量百分比）。在实验室中，以纯氧为气源，产生的臭氧浓度则可以达到20%（质量百分比，标准状态下为302 g O_3 m^{-3}）。

在实验室研究中氧气通常由氧气瓶提供，在实际应用中氧气可以用液氧罐提供，也可以在现场通过空气制备氧气，常用的方法有压缩分离或真空分离吸收（Horn 等，1994）。

EDOGs 的实验室应用

实验室研究中即使采用的是高压瓶装的纯氧，仍建议对氧气进行净化，特别是当臭氧实验是为了去除微量有机物时，例如为半导体行业制备清洗用的高纯水，饮用水和地下水的处理等。因此，建议在臭氧发生器前安装一套气体净化系统：吸附性材料构成的干燥装置，例如用硅胶，分子筛（0.4mm）和微孔过滤器（4 ~ 7μm），去除气体中颗粒物（Gottschalk，1997）。在半导体行业应用中，在臭氧发生器后还应该安装一个颗粒过滤器（0.003μm）。

当用空气作为原料生产臭氧进行实验研究时，也必须像实际应用中一样，在空气压缩机后安装高效的空气干燥装置、除油装置。否则臭氧发生器可能会被潮湿、粉尘、油、二氧化碳和氢气等损坏。

在实验室用放电式臭氧发生器中，制备的臭氧质量流量（m（O_3））主要取决于气体流量（Q_G）、功率和电压（功率 = I × V [VA]）。当气体流量增加时，臭氧浓度减少，两者呈反比例关系。在气体流速很低时，上述两个参数偏离线性关系的程度最大。每个臭氧发生器都有各自的特征曲线。图 2-3 是一个额定产率为 0.090 kg O_3 h^{-1}（Q_G = 0.600 m^3 h^{-1}, c_G = 0.150 kg O_3 m^{-3} ASTeX Sorbios, 1996）放电式臭氧发生器的工作曲线。

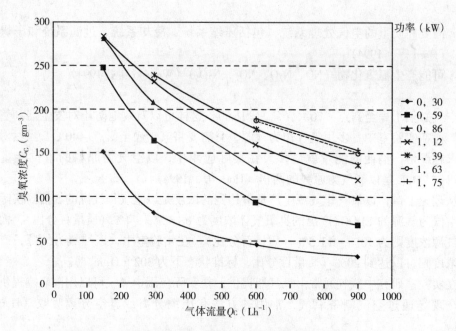

图 2-3 放电式臭氧发生器中气体流量和臭氧浓度的关系
(ASTeX Sorbios, 1996)

在准备实验的过程中，认识 Q_G 和 c_G 的反比关系是非常重要的。例如如果要提高鼓泡塔中 $k_L\alpha$ 值就必须提高 Q_G 的值，使用 EDOG 时，就会降低臭氧气体浓度。所以必须仔细考虑提高 $k_L\alpha$ 值与实验中其他的一些要求相匹配，如提高臭氧浓度或提高臭氧转化率等是否相矛盾。放电式臭氧发生器还有另外一个特征，就是有一个最小气体流量 Q_G，此时产生的臭氧浓度最高；气体流量低于这个值时系统的生产能力将变得不稳定。另一方面，要想得到最高的产量，只能提高输入功率和气体流速。

2.2.2 电解式臭氧发生器（ELOGs）

电解式臭氧发生器（ELOGs）是通过电解高纯水来制备臭氧（图 2-4）。在电解池里，水在电极材料的催化作用下被电解成氢气、氧气和臭氧，在阳极（anode）产生 O_2、O_3 和水，在特殊电解池的阴极（cathode）产生 H_2。

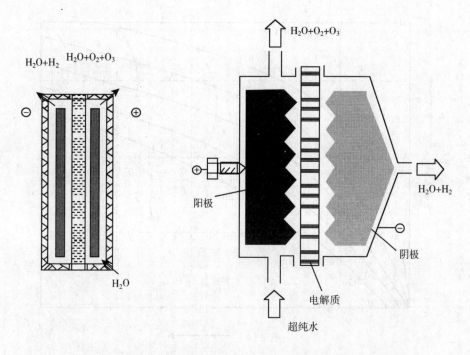

图 2-4 电解式臭氧发生器（ELOG）的工作原理（Fischer，1997）

电解池中阴极和阳极由固体电解膜隔开，阳极（anode）由多孔透水的导电的材料组成，表面覆盖活性涂层。用电压为 3-6V，电流为 50A（电流密度为 0.2-3.0A cm^{-2}）的直流电电解时，在阳极活性涂层和电解液膜接触的部位产生 O_3（Fischer，1997）。

既然电解池中所有物质必须具有电化学稳定性，而且必须具有良好的导电性，所以电解池应该用精炼的金属或者是最高化合价的金属氧化物制成。同时电解池中水的纯度也必须很高，以保证不会堵塞或对多孔膜产生化学损害。饮用水中含有的离子和其他杂质必须通过离子交换、超滤、纳滤、反渗透、蒸馏等手段去除。

有些供应商可以提供电解式臭氧发生器。单室电解池的臭氧产量约为 1-4g O_3 h^{-1}，一个臭氧发生器中可以包含几个电解池。臭氧产量主要取决于电压、电流和温度（如图 2-5 所示）。

电解池的温度对臭氧产率有很大的影响，必须对系统进行冷却。系统冷却主要依靠保持很高的水流量（例如 $Q_L = 100 \pm 50$L h^{-1}，Ozonia 1991）来实现，不过人们已经研制出了节能高效的空气冷却系统（VTU，1996）。表 2-3 列出了一套典型的运行参数，从中可以看出臭氧的单位能耗很高 300kWh kg^{-1} O_3（约为 EDOG 的 15 到 20 倍）。显然，成本太高导致这类反应器很少用于饮用水和废水处理。

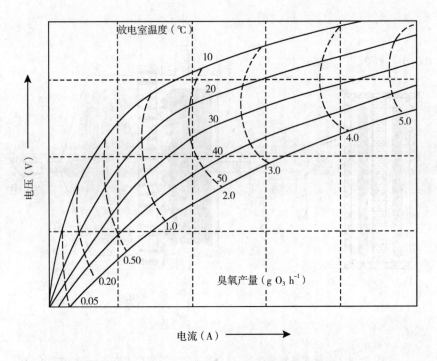

图 2-5 电解式臭氧发生器（ELOG）中臭氧的产率和供给电压以及电流的关系

ELOGs 的实验室应用

臭氧在高温时容易分解，所以系统的温度 T_L 应该保持低于 30℃，如果电解池没有用空气冷却或者进水没有被预先冷却过，这就要求电解池中水的流量要非常大，才能满足冷却要求。

生产溶于水的臭氧，对于实际应用是非常有利的，可以省去气相向液相的传质过程。不过在应用时，仍然需要将富含臭氧的纯水和待处理的水充分混合（一般使用静态混合器）。现场生产臭氧时，对应于电解池中的压力（P）和温度（T），臭氧的浓度（C_L）是很容易达到饱和（C_L^*）。当压力减小时，水立刻就可以形成过饱和状态。考虑到这种潜在的臭氧气体逸出的可能性，系统中仍然需要安装脱除臭氧的装置。

2.3 臭氧氧化反应器

本节简要介绍用于实验室研究的臭氧反应器类型，以及它们的流体力学特性、传质性能和可能的运行模式。因为臭氧发生器制备的臭氧通常是气态的，所以应用时必须实现气液混合。如果臭氧在与要氧化的水接触之前就已经吸收在水中，那么这样的反应器首先应该是接触器或者吸收器，然后才是反应器。如果吸收的同时还伴随着瞬间化学反应发生，这个装置就应该称为反应器。这种定义与很多文献中的情况是不符的。反应器的定义有时是相互转变的，读者应该清楚反应器的真正含义。我们将要讨论直接供气反应器（B2.3.1）和间接供气反应器（B2.3.2）。在直接供气反应器中吸收和反应同时进行；而在间接供气反应器中，则是在臭氧进入反应器之前加一个接触器来吸收臭氧气体。在这两种反应器中都要使用一个合适的气体扩散器（B2.3.3）。使用过程中还要选择合适的运行模式（B2.3.4）。本节将重点讨论实验室装置的设计问题而不是实际应用问题。

每一种反应器都有特定的流体力学特性，所以了解装置的流体力学特性和传质性质，对于评价实验结果是非常重要的。表2-4列出了五种主要的反应器特征。

气液接触系统的特性（Martin，1994） 表2-4

反应器或传质系统类型	流体力学特性	$K_L a$ (s^{-1})	单位能耗（kW m^{-3}）
鼓泡塔式反应器	气体推流，液体非推流	0.005~0.01	0.01~0.1
填料塔式反应器	液体推流，气体非推流	0.005~0.02	0.01~0.2
板式塔反应器	液体分散流，气体非推流	0.01~005	0.01~0.2
管式反应器	液体推流，气体推流	0.01~2	10~500
罐式搅拌反应器	液体完全混合，气体非推流	0.02~2	0.5~10

最常用的两种反应器是鼓泡塔反应器（bubble columns，BCs）和罐式搅拌反应器（stirred tank reactors，STRs）。如果塔高度（h）与直径（d）的比值（h/d）小于10，鼓泡塔反应器可以看做是一个液相完全混合反应器。

在罐式搅拌反应器中，可以认为气相完全混合，而在鼓泡塔式和填料塔式反应器中，气相是推流状态（Marinas，1993；Stockinger，1995；Huang，1998）和完全混合流状态（Lin和Peng，1997）。

如果气相以及液相完全混合（例如完全混合的罐式搅拌反应器，称为完全混合罐式反应器，completely mixed stirred tank reactor，CSTR），那么就可以通过臭氧和目标化合物的整体质量平衡很容易计算降解过程。

2.3.1 直接供气反应器

水和废水的臭氧氧化反应中，无论装置规模大小，一般都采用直接供气方式，通过放电式臭氧发生器制备出含有臭氧的混合气体，通过气体分散器进入反应器与液体反应。氧化反应中有气相和液相两相参加，我们称之为非均相体系。

鼓泡塔及类似反应器

鼓泡塔反应器和其改进型反应器，如气提反应器、碰撞射流反应器、下流式鼓泡塔等是实验研究中常用的反应器。单个鼓泡塔的 $k_L a$ 值居中，一般在 0.005 到 $0.01s^{-1}$ 范围内（Martin 1994，见表 2-4）。它们通常以较为简单的同向流模式运行。异向流模式，即气向上流，水向下流，很少在实验研究中报道，但是也很容易实现，只要将反应器底部的液体用泵抽到顶部即可，也就是在反应器内部将液体循环。异向流模式的优点是可以增加反应器内部溶解态臭氧的浓度（c_L），尤其是在污染物浓度（$c(M)$）较低，反应速率较慢的情况下，例如饮用水处理时，这种模式更有优势。

上面没有提到一种非常简单的鼓泡塔——洗气瓶。这种非常小的反应装置（$V_L = 0.2 - 1.0L$），可以用来进行基本的实验研究，可以评价一些常规的影响因素（例如 pH、缓冲溶液、单位臭氧用量等对反应的影响）。但洗气瓶的传质系数很小，而且不了解或很难测定传质速度和气体流速关系，所以一般不能用来进行深入的研究。一般情况下，我们很难通过安装传感器或者建立一套准确的测量系统来控制反应器内臭氧消耗平衡。常用的运作模式是不排出反应器内的溶液，将反应器内的水或废水反应一段时间。在这种方式下，可以通过改变臭氧氧化时间，或者改变臭氧浓度来测试不同条件下的氧化情况。建议不要使用改变气体流速的方法。

实验研究用的鼓泡塔，液相容积（V_L）通常为 2-10L，高度和直径的比值（h/d）通常为 5~10。臭氧和氧气（臭氧和空气）的混合气体通常是通过陶瓷或者不锈钢多孔板式气体分散器（孔径为 10~40μm）进入鼓泡塔。PTFE 膜是一种比较新的可以实现臭氧气液传递的装置（Gottschalk，1998）。

由于气体的流动能量是气液混合的惟一驱动力，所以如果气体流速很小，将导致反应器里气液混合不均匀。可以通过示踪的方法研究反应器的流体力学行为（Levenspiel，1972；Marinas，1993；Huang，1998）。用 $V_L = 1.5 - 4.2L$，$h/d = 6 - 35$ 的单级鼓泡塔进行实验，控制气体流量 $Q_G = 20 - 50L\ h^{-1}$，液体停留时间 $t_H = 0.6 - 5.0h$。实验结果表明，鼓泡塔中的液相反应相当于级数 $n = 1.5 - 4$ 的阶梯式反应器内的完全混合反应（相当于 Bodenstein 数 $Bo = 0.95 - 6.4$）（Saupe，1997）。而且，在水力停留时间 t_H 不变的情况下，气体流量增加一倍对理论级数的影响可忽略不计。当以气提反应器的操作模式运行这种反应器时，液体的流体力学行为和 $k_L a$ 值都没有明显变化。

罐式搅拌反应器（STRs）

由于比较容易模拟完全混合状态，所以实验室中经常使用罐式搅拌反应器，但罐式搅拌反应器在实际应用中很少使用。研究者在气体分散方式上和搅拌桨构造上作了很多改进，通常使用较为粗略的气体分散装置，例如用开孔的环形管。反应的 $k_L a$ 值在 0.02 到 2.0 之间（见表 2-4），一般高于鼓泡塔反应器的 $K_L a$ 值。从传质效果上看，罐式搅拌反应器的优势在于其搅拌速度可以调节，所以可以控制传质速度，传质系数也不受气体流量影响。

如果实验的目的是研究反应，而不是研发新型反应器，那么最好使用技术较为成熟的反应器类型。为了对罐式搅拌反应器有一般的了解，表 2-5 总结了罐式搅拌反应器应用于不同水体的特征参数。Gottschalk 1997 年成功地在饮用水的臭氧处理中采用了特殊的搅拌桨和挡板。专门设计用来测定动力学参数的反应器，称之为搅拌室（图 2-6 所示，Levenspiel 和 Godfrey，1974）。

罐式搅拌反应器在臭氧氧化实验研究中成功应用实例 表 2-5

参考文献	Gottshchalk，1997	Sotelo，1990 Beltrán，1995	Beltrán and Alvarez，1996
水/废水 污染物/模拟污染物	饮用水 阿特拉津（微污染物）	配制废水 间苯二酚和 间苯三酚；PAHs	配制废水 苯酚和 4 种偶氮 染料
体积和尺寸	$V_L = 8L$ $h = 260mm$ $h/d = 1.3$	$V_L = 0.5；4L$ $h = $ n.d.mm $h/d = $ n.d.	$V_L = 0.3L$ $d = 75mm$ $h/d = 0.9$
材料	石英玻璃，顶部和底部不锈钢，内衬 PTFE	石英玻璃	玻璃
搅拌器	聚四氟乙烯板（$h = 15mm$，$d = 65mm$），底部开有 6 个 5×5（mm）的槽	六叶拉什顿（rushton）型搅拌桨不锈钢搅拌器	n.d.*
气体喷头	顶部开有 1mm 小孔的 8mm o.d.PTFE 管	2mm i.d. 喷水口；多孔曝气器（16-40μm）	没有或者是在界面板上开孔
导流板	3 块非垂直的 PTFE 导流板	4 块垂直的不锈钢制导流板 $h/d = $ n.d.	n.d.*
运行条件			
$T(℃)$	20 ± 1	1-20；10，20	20(酚),15(染料)
$Q_G(L\ h^{-1})$	30（STP）	110-70；25	60
$n_{STR}(min^{-1})$	1500	100-700；1000	75
$k_L a(h^{-1})$(at Q_G, T)	12	2.8-13.3；126	0.8
$p(O_3)_0(Pa)$		12-871；116-1015	30-2220

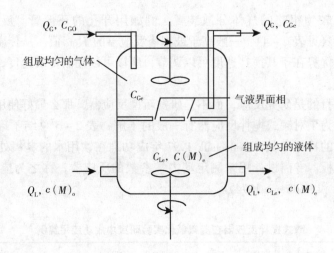

图 2-6 搅拌室反应器结构示意图（Levenspiel 和 Godfrey，1974）

搅拌室反应器分为两个室，一个用于气相，一个用于液相，两个室中可以由各自的搅拌桨独立搅拌。在这样的反应器中，传质区域不受气体的流量的影响，可以通过安装不同数量的微孔多孔板来控制，也就是在两室之间安装确定面积隔板可以作为气液传质区域。k_L 值可以通过测量 $k_L a$ 值来确定。

半间歇式罐式搅拌反应器已经用于测定不同废水，如苯酚废水、偶氮染料废水等。Beltrán 等人还用半间歇式罐式搅拌反应器研究不同物质的反应动力学（见 B3、B4 章节中 Beltrán、Benitez、Sotelo 的其他文献）。

在废水的臭氧氧化实验中，如果水中污染物（活性高）浓度较高，则 Q_G/V_L 值不能太低，也就是液体的体积不能太大（$V_L = 1-5L$），并且要使用合适的臭氧发生器。这一点是非常重要的，因为污染物活性较高，反应速率较高，这可能导致臭氧过度消耗，破坏反应器中的臭氧物料平衡。

2.3.2 间接供气或者不供气反应器

相对于多相反应体系，均相反应体系中的物质只有一种状态，对于废水处理体系来说就是只有一种状态——液态。臭氧在另外一个独立容器中进行液相吸收，这就是间接供气反应器。如果使用电化学方法在反应器内部制备臭氧，这样的反应器就是不供气反应器。在这两种反应器中都是富含臭氧的液体和待处理的水或废水进行混合。

管式反应器

平推流式和完全混和罐式搅拌反应器相比，具有较高的反应速率，但是很难实现在反应器中直接供气。不供气反应器系统则要求使用电解式臭氧发生器，还要求大量的高纯水作为反应器内部臭氧的载体，这都将增加处理费用。有一种方法只要使用放电式臭氧发生器，就可以实现反应器中的流态为推流式，那就是使用间接供气系统。在管程很长的反应器中，由于臭氧的消耗量很大，必须沿着管程补充臭氧或者含臭氧的水。

1996年，Sunder和Hempel用间接供气反应器对模拟地表水中的全氯乙烯进行了氧化。臭氧气体用一个高效的臭氧吸收器吸收，吸收器由一个注射器喷嘴和一个特殊的吸收室组成，叫做Aquatector®。这个系统在纯水中产生$30-50\mu m$的微气泡，用这种方法可以使臭氧和水中的污染物在管道进口处混合。反应器的尺寸如下：$l_R = 14.9m$、$d_R = 18mm$、$Q_L = 220L\ h^{-1}$，操作参数如下：$t_H = 62s$、$R_e = 4300$、Bo = 600。反应器从长度和宽度来看，它与传统的水管相似。这种反应器也具有很大的应用价值，因为输送废水的管道符合该系统的长度要求，可以以废水管道为反应器。

2.3.3 气体分散器类型

通过各种用抗氧化材料制成的气体分散器可以实现臭氧气体和水的混合，环型管、多孔分散器和多孔膜、喷射器喷头、静态混合器都可以使用。各种分散器的性能由产生气泡的直径决定，即直径$d_B = 0.01-0.2mm$为微气泡，$d_B \approx 1.0mm$为小气泡，$d_B \approx 2.5mm$为大气泡（Calderbank，1970；Hughmark，1967）。

环型管 孔径为0.1－1.0mm的环型管在实验室罐式搅拌反应器中是很常见的分散器。多孔板分散器（$d_P = 10-50\mu m$）也经常在罐式搅拌反应器（Beltrán，1995）和鼓泡塔反应器中使用（Stockinger，1995；Saupe，1997）。

在大型的饮用水处理装置中经常使用的是孔径更大的多孔盘（$d_P = 50-100\mu m$）(Masschelien，1994)。但是这些分散器都很少用于工业废水的处理，因为微孔很容易被工业废水中的化学沉淀物堵塞，例如碳酸盐、氧化铝、氧化铁、氧化锰、草酸钙或者有机聚合物。在饮用水处理中经常用陶瓷过滤管（ceramic filter tube）做传质系统，但使用中也要注意上述问题。

PTFE膜 PTFE膜的孔径可以很小，而且抗压能力强，因而它是一种高效的气体分散器，GORE－Tower就是这样一种膜分散器（Gottschalk，1998）。微孔管外部是一覆盖层，液体从一束PTEF制成的微孔管中流入。与液体流向相反，气体流过微孔管的覆盖层，所以气体可以通过微孔管分散到液相中。液体中臭氧的浓度是气相臭氧浓度、压力和气液相对流速的函数。当水流速为$15L\ min^{-1}$（$P = 280kPa$），该系统的臭氧在液相中的浓度可以达到$15mg\ L^{-1}$，而不会产生气泡（Gottschalk，1998）。一方面纯水中不含可能会堵塞微孔的物质，另一方面臭氧氧化后的水绝对没有气泡，这对于半导体行业的水处理系统是很有吸引力的。

气/液两相喷头 是中试和实际应用中鼓泡塔反应器和一些新型反应器中较为常用

的一种分散设备。例如在浸没式湍流反应器（Impinging Zone Reactor，IZR）中，就是采用气/液两相喷头，可以达到很高的传质效率（Gaddis 和 Vogelpohl，1992；Air products，1998）。

只有在很高气体流速下，才能达到很高的传质速率，然而放电式臭氧发生器的特性决定了提高气体流速，就会降低臭氧浓度，因此，上述这种反应器对于实验室研究毫无意义。但是，Sunder 和 Hempel 利用管式反应器，对低浓度全氯乙烯进行现场臭氧氧化时，使用了气/液两相喷头，并获得成功。实验中可以将两相喷头和高效的 Aquatector® 臭氧吸收器安装在管式反应器的前面，同时使部分气体和液体在体系中循环。根据他们的报道，实验中90%臭氧气体被矿化水吸收，溶解的臭氧浓度可以达到 $100\mu mol\ L^{-1}$（$c_L = 5mg\ L^{-1}$，$T = 20℃$）。

静态混合器 也可以用于气液混合。混合器由管道中顺序排列的混合元件组成。这种装置小巧而且容易操作，更重要的是混合器安装在管线中，尺寸小，没有可动的部件，在不发生腐蚀的情况下，维护要求较低。其主要运行特点是气液两相都呈推流状态，径向强烈混合。这种流体力学条件使得溶解臭氧分配均匀，同时保持整个流道断面上都有小气泡，这样提高了气液接触面积，也就使传质速率增大。

为了达到较高的传质速率，单位能耗就会增加，因为在混合器中需要大量的能量来推动液体的流动。静态混合器的压差较大，只有高流速下才能高效运行。因此静态混合器不是用于实验室研究，而是更多地用于实际工程，例如在饮用水和地下水处理中，用臭氧进行消毒或是去除微污染物。Martin 等人1994年建立了静态混合器的传质特征模型，并且比较了三种商业用途的静态混合器的效率。

2.3.4 运行模式

臭氧反应器可以是间歇式（batch）的，也可以是连续式的（continuous-flow）。将两种模式结合起来，让液体间歇进料，气体连续进料，这种模式称作半间歇式（semi-batch），它和间歇式反应器的差别很小，可以忽略，常常也将这种模式称为间歇式。文献报道的多数实验通常都采用半间歇式非均相体系，液相体积 $V_L = 1 - 10L$。而实际应用中通常采用两相都是连续式的体系。

反应器运行模式和流体力学性质的差异会导致反应速率和反应产物的不同（Levenspiel，1972；Levenspiel 和 Godfrey，1974）。我们必须在考虑到连续式反应器的优点的同时，也看到其缺点，例如它可以减少反应中的控制过程，还可以减少存储设备，但是它同时有反应速率低和臭氧氧化效率不高的缺点。

从反应工程学的观点来看，间歇式反应器（甚至理想混合反应器）和连续式反应器的反应方式是相似的，间歇式反应器与连续式完全混合体系相比（CFSTR，连续式完全混合反应器），可以达到更高的反应速率（Levenspiel，1972；Baerns，1992）。在大多数连续式的实验室反应器体系中，都要求达到很高的污染物去除率，也就是出水中 M 的浓度要低，这样液相就要完全混合。如果反应中气液混合充分，但反应速率相对较低，可以用相对大流量的气体处理少量的液体。在这种情况下，间歇式反应器的臭氧单位消耗量比连续式要少（Saupe，1997；Saupe 和 Wiesmann，1998；Sosath，1999）。

多级阶梯罐式搅拌反应器（multi-stage stirring reactor cascades）和推流式反应器（plug-flow reactor）不仅具有连续式反应器的优点，还具有较高的反应速率（Baerns，1992；Levenspiel，1972）。实验室中很少使用上述两种反应器（Sunder 和 Hempel，1996），然而通常这两种运行模式对提高臭氧反应速率和降低臭氧单位消耗量都有显著效果。从实际的角度出发，多级反应体系的设备和运行都要比一级反应体系复杂。因此要根据实验目的来确定反应器类型、运行模式以及反应体系的级数。

间歇式实验

间歇式实验相对来说比较容易实现。从最简单的间歇式反应可以得到一些重要的参数，例如 pH、浓度、臭氧用量等，评价它们对处理结果的大致影响或者了解处理过程的大概趋势。

间歇式运行模式的一个主要的优点是，需要的溶液量很少。当然溶液量必须足以用来进行必要的分析和测试反应的重现性，这一点在化学和生物结合处理过程中尤其重要，因为要进行大量处理实验和分析工作。

保持各个批次反应条件一致是非常重要的，如果不是采用统计学的实验设计方法，一次只能改变一个参数。在废水的臭氧氧化处理中，反应器中的 pH 值和液相的臭氧浓度经常会发生变化，所以必须保证液相 pH 值和臭氧浓度 c_L 稳定。由于产生酸性产物（有机酸），体系中 pH 值会降低，同时液相中臭氧浓度会升高。在饮用水处理中，尤其是微污染物处理中，整个实验过程中很容易保持液相中臭氧浓度稳定。在动力学研究中，应该注意向体系注入微污染物之前，要使液相中臭氧浓度处于稳态（Gottschalk，1997）。

在处理过程中，不要从反应器中取出大量液体，这样会改变水力学条件、臭氧和剩余污染物的质量比，从而引起气液传质速率和氧化速率的变化。传质过程也会受到氧化反应的影响，例如氧化表面活性剂时，就会改变传质过程。

建议采用监测臭氧单位投加量和臭氧吸收量（最好是在线监测和在线计算）的方法，来评价处理过程，这是一种必须的也是可行的方法。在废水的臭氧氧化过程中，排出气体中臭氧浓度会随时间增大，臭氧的单位吸收量一般不会随反应时间呈线性变化。

在间歇实验中应尽量不改变参数，方法如下：在反应器中装入一定量的液体，进行氧化，然后排空液体。下次实验时装入与第一次同样量的液体，在新的氧化条件进行氧化（最好改变氧化时间或者臭氧单位吸收量）。

回顾前面有关反应工程的评述（见前面内容 B2.3.4），间歇式氧化实验是减小臭氧单位消耗量的最好方法（除非用驯化过的微生物进行生物降解）。

连续式实验

连续式的运行模式往往增加实验的工作量，而且不能像间歇式反应那样能快速进行。

反应体系的规模和水力停留时间决定了供给水量。体积大和停留时间短的反应器，相对来讲要准备和储存较多的供水，并保证在一定时期内进水的浓度保持恒定。往往需要在低温黑暗的环境中存储原水，但是当实验需要大量原水时，采用冷却的方法保存原水往往成为一难题。储备水量至少要相当于三倍停留时间所需的水量（Levenspiel，1972）。如果为了追踪生物处理阶段生物体的适应过程，而采用有两个大反应器的化学－生物处理体系，有可能出现极端的情况，即不需要如此大量的原水（Saupe，1997）。

实验中需要做大量的工作来维持液体和气体流量稳定。在采用放电式臭氧发生器时，随着反应的进行，碳酸盐可能堵塞臭氧的多孔分散器，导致臭氧反应器前端压力升高，气体流量下降，进气中臭氧的浓度增加。当反应更多地依赖于臭氧用量而不是臭氧浓度时，虽然这不会改变进入体系臭氧的总量，不会对反应构成负面影响，但实验人员往往不希望发生这种情况，因为此时传质过程和反应速率都会发生变化。

在多级反应系统中，例如化学生物串联的反应系统中，必须注意无论液相还是气相中的臭氧都不能进入生物反应阶段，因为臭氧的氧化作用会杀死生物体。在运行过程中要么将臭氧氧化反应器的出气中臭氧浓度控制为零（Stockinger，1995），要么通过气体收集装置将气体和生物反应器分开（Saupe，1997）。

为了使化学和生物单元具有一定的适应性，化学处理单元不一定直接与生物处理单元相连。在两者之间可以设置储池或排水管以便使实验参数相对独立地变化。B6.4节中简要介绍了一种方法。

2.4 臭氧检测

以下内容介绍了常用液相和气相臭氧的检测方法。为了供读者快速查阅，表2-7总结了各种测定方法，以便读者可以一目了然地查找适合自己的检测方法。检测中所有必须的重要信息，例如：干扰因素、检测上限浓度和详细描述检测方法的参考文献等，都可以在表中找到。表中的方法按照价格依次升高的顺序排列。

2.4.1 检测方法

碘量法（适用于气体和液体）

这种方法可以用于测量气相或者液相中的臭氧。测量在液体中进行，所以当测量气体中的臭氧浓度时，必须先把气体通进含有碘化钾（KI）的烧瓶中。测量液体中的臭氧浓度时，也要把含臭氧水样和 KI 溶液混合，碘离子 I^{-1} 被臭氧氧化，氧化产物 I_2 马上用硫代硫酸钠 $Na_2S_2O_3$ 滴定至浅黄色。用淀粉指示剂，滴定终点颜色变化会更明显（深蓝色）。臭氧的浓度可以通过 $Na_2S_2O_3$ 的消耗量来计算。

$$KI + O_3 + H_2O \rightarrow I_2 + O_2 + KOH \tag{2-1}$$

$$3I_2 + 6S_2O_3^{2-} \rightarrow 6I^- + 3S_4O_6^{2-} \tag{2-2}$$

优点：费用非常低。

缺点：碘可以被化学电位 E_o 大于 0.54eV 的物质氧化，这就意味着它对于大于这个电位的物质（例如：Cl_2、Br^-、H_2O_2、Mn 化合物和有机过氧化物）几乎没有选择性。

测试时间较长。

紫外吸收法（气相和液相）

臭氧的最大吸收值在 254nm 处，靠近水银的共振波长 253.7nm。根据 Lambert – Beer 定律，波长 254nm 处紫外光强度的降低与臭氧的浓度变化成比例。

$$I_l = I_o 10^{\varepsilon c(M) l} \tag{2-3}$$

I_l——待测样品的吸收强度

I_o——参比溶液的吸收强度

$c(M)$——化合物 M 的溶液浓度

l——吸收池的内部宽度

ε——摩尔消光系数（$M^{-1}cm^{-1}$）

ε_{254nm}——约为 3000 $(M\ cm)^{-1}$，文献不同，数据有变化

这种方法用于气相或者液相中臭氧浓度的测定，当 $0.1 < \lg I_l/I_o < 1$ 时，Lambert – Beer 定律有效，因此测量的浓度范围取决于吸收池的宽度。目前可以测量的最高值在液相中为 150mg L^{-1}，气相中为 600mg L^{-1}。

在蒸馏水和不含氯的自来水中，可以用 $Na_2S_2O_3$ 来测量水中臭氧和不饱和有机物含量。在波长为 254nm 处的吸收值代表有机物质和液体中臭氧吸收值之和。分解完臭氧后，剩余的吸收值代表水中有机物的含量（Tsugura, 1998）。

优点：测量方法简单易行。可以连续测量。

缺点：水中的芳香族污染物吸收 $\lambda = 254nm$ 处的紫外线，干扰测试结果。

靛蓝法（适用于液体）

水中臭氧的浓度可以通过靛蓝三磺酸盐的脱色反应测定（$\lambda = 600nm$），这种方法是

按照化学计量进行，并且速度非常快。靛蓝中只含有一个 C = C 双键，这个双键可以被臭氧直接氧化，反应速度非常快（见图 2 - 7)。

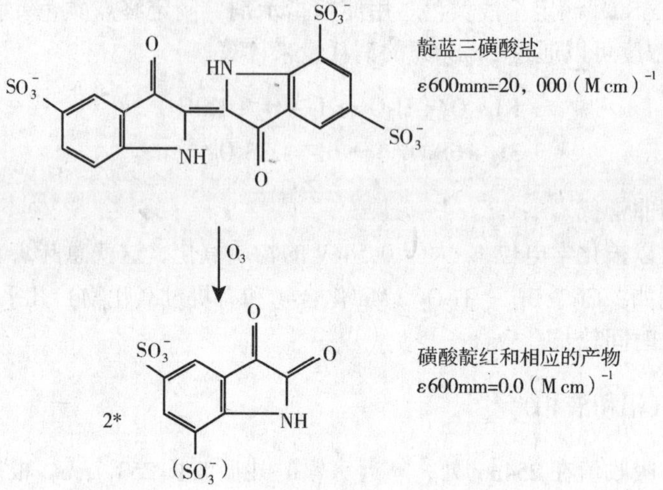

SO3-
O
HN
SO3-
靛蓝三磺酸盐
ε600mm=20，000（M cm）-1
SO3-
NH
O
O3
O
SO3-
O
磺酸靛红和相应的产物
ε600mm=0.0（M cm）-1
2*
NH
（SO3-）

图 2 - 7　臭氧氧化靛蓝三磺酸盐

在 pH 值小于 4 时，1 摩尔臭氧可以使 1 摩尔靛蓝三磺酸盐水溶液脱色，而过氧化氢和有机过氧化物与靛蓝反应速度非常缓慢。如果臭氧测定在加入靛蓝试剂后 6 个小时内完成，过氧化氢不会对测定结果产生影响。

优点：测量装置的价格低廉，反应速度快，并且具有选择性，在 4 到 6 小时内二次氧化剂不会产生影响。

N，N - 二乙基 - 1，4 - 苯二胺 - PDP 法（适用于液体）

分光光度法可以用来测量液体中臭氧浓度（0.02 - 2.5mg L^{-1} O_3），臭氧直接氧化 N，N - 二乙基 - 1，4 - 苯二胺（PDP）的速度非常缓慢，因此臭氧浓度通过氧化碘化物来间接测定。

$$2H^+ + O_3 + 2I^- \rightarrow I_2 + O_2 + H_2O \qquad (2-4)$$

生成的碘与 PDP 反应形成自由基阳离子，它是一种红色染料（见图 2 - 8)。自由基阳离子 PDP°通过共振处于一种稳定状态，形成非常稳定的颜色，在 510nm 和 551nm 处分别有两个最大吸收峰。臭氧浓度与染料发光强度成比例，可以通过方程式（2 - 3）计算。

优点：同碘量法

缺点：同碘量法

加入试剂后测试样品只能稳定 5 分钟。

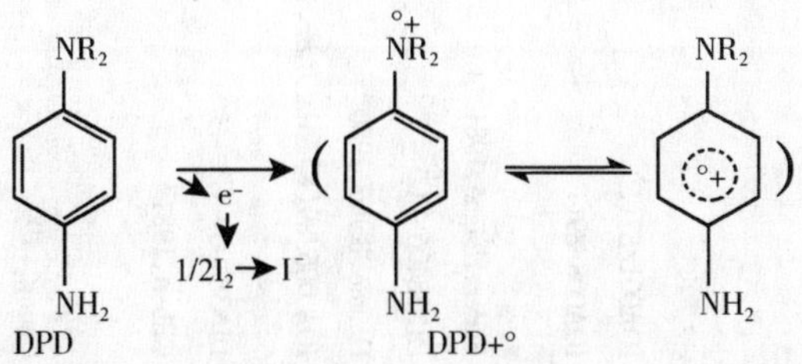

图 2-8　N, N-二乙基-1, 4-苯二胺-DPD 的臭氧氧化

化学发光法-CL（Chemiluminenescence）（适用于液体）

本方法测量化学反应的发光强度。化学发光法和光学吸收法的区别在于，化学发光法是测量反应中由待测化合物产生的光强度，这个强度对应着这种物质的浓度，而光学吸收法是测量由于待测物质吸收造成的光强度的减少量。化学发光法通常与流动注射分析法（FIA, flow injection analysis）联合使用。把臭氧氧化后的水样注射到纯水载体中，在进入光电探测器之前与染料试剂混合。染料试剂具有很强的选择性，只与臭氧反应而不和其他氧化剂反应，它与水中的臭氧快速反应，产生化学发光现象。光的强度正比于臭氧的浓度。表 2-6 列出了几种可用的染料试剂，表中化合物与臭氧反应产生的光的强度依次增大。

表 2-6　可以用于 CL-FIA 的试剂（Chung., 1992）

1. 苯并黄素（Benzoflavin）	5. 曙红 Y（Eosin Y）
2. 吖啶黄（Acridine Yellow）	6. 若丹明 B（Rhodamin B）
3. 靛蓝三磺酸盐（Indigotrisulfate）	7. 铬变酸（Chromotropic acid）
4. 二氢荧光素（Fluorescein）	

优点：可以连续进行

缺点：难以操作

膜臭氧电极法（适用于液体）

电化学（电流计）技术，使我们可以在现场连续自动测量液体中臭氧的浓度。膜电极通常由阴极（金）、阳极（银）、电解液（例如 AgBr、K_2SO_4 或 KBr）和聚四氟乙烯膜构成。有几家公司可以提供不同结构的膜电极，仪器使用范围和测量精度取决于电极的种类。

表 2-7 分析方法概述

方法	气体	液体	连续法	检测限	影响因素	优点和不足	参考文献
滴定法							
碘量法	+	+		$100\mu g\ L^{-1}$	Cl_2, Br^-, H_2O_2, Mn 等 $E_o > 0.54eV$ 的氧化剂	价格便宜(优) 没有选择性, 耗时较长(缺)	DIN38406-G3-1[②] IOA001/87(F)
光度测定法							
紫外吸收法	+	+	+	[①]		简便易行(优), 芳香族化合物会干扰测定结果(缺)	IOA001/87(F) IOA008/89(F)
靛蓝三磺酸盐法		+	(+)FIA	$5\mu g\ L^{-1}$	Cl_2, ClO_2, B_2, Br^-	装置的价格低廉, 反应速度快并且具有选择性, 在4到6小时之内其他氧化剂不会产生影响(优) 需要较准, 水的自身颜色干扰测定(缺)	Bader, Hoigné, 1981[②] DIN38406-G3-3[②] Hoigné, Bader, 1980[②] IOA 006/89(F)标准方法, 1989
DPD法	+	+	(+) FIA	$20\mu g\ L^{-1}$	Cl_2, Br^-, Mn, H_2O_2, Mn 等 $E_o > 0.54eV$ 氧化剂	价格便宜(优) 选择性差, 当加入试剂后测试样品只能稳定5分钟(缺)	DIN38406-G3-3[②] Gilbert, 1981[②]
CL法		+	+	$2\mu g\ L^{-1}$	Cl_2, $H_2O_2 > 10mg/L$ $MnO_4^- > 2mg/L$	难以操作, 易受干扰(缺)	Chung., 1992
电流计法		+		[①]			
电极法		+	+	$6-10\mu g\ L^{-1}$		选择性强(优), 价格昂贵(缺)	IOA 007/89(F), Smart, 1997 Stanley 和 Johnson, 1979

① 检测限及精度由系统决定。② 监测方法有详细描述。

当水中有臭氧的时候,臭氧通过膜扩散到反应室中,扩散速度取决于臭氧的分压。为了防止臭氧在膜表面消耗,应该将电极浸入连续流动的液体中。

在阴极金电极,臭氧被还原成氧气

阴极: $$O_3 + 2H^+ + 2e^- \rightarrow O_2 + H_2O \tag{2-5}$$

阳极产生电子

阳极: $$4Ag \rightarrow 2Ag^+ + 2e^- \tag{2-6}$$

测定的电导率值正比于臭氧的浓度

优点:可连续测定
缺点:价格昂贵

2.4.2 臭氧测定的实际问题

为了评价臭氧实验的结果,保持反应器中的臭氧平衡是很重要的。准确地测定反应器进气和出气中的臭氧浓度,以及液体中的臭氧浓度,对维持臭氧平衡是必不可少的,这对于稳态体系和非稳态体系都很重要。对非稳态体系,由于臭氧浓度随时间变化,为了监测体系,需要测定更多的浓度。

连续分析方法(电流计和紫外吸收法)有其特有的优点,然而,有时由于费用问题,只能采用非连续的方法(滴定法和光度计法)。在使用非连续的方法时,取样后马上就进行分析是很重要的,这样可以有效防止臭氧分解,或者防止液体中的臭氧逸出。非连续光度计法需要加入化学物质,这种方法可以和流动注射分析法(flow injection analysis)相结合,变成连续测定法。但是这种方法需要使用仪器,而且不易操作。

2.5 安全问题

2.5.1 废气中剩余臭氧的去除

对于每一个臭氧系统,废气中剩余臭氧的分解是一个最基本的安全问题。可以采用热解法($T \geqslant 300℃$)或者催化分解臭氧(锰或钯,$T = 40 \sim 80℃$)。在小规模的实验室装置中,也可以通过装有颗粒状的活性炭($d_p = 1 \sim 2mm$)的吸附柱来去除。在使用放电式臭氧发生器的大型系统中,将反应后产生的氧气进行循环利用是目前常用的方法,通常循环之前需要将气体干燥、压缩。在实验室装置中通常不回收排出的氧气。

即使在应用电解式臭氧发生器时，也会产生少量但浓度很高的臭氧气体。在现场生产臭氧时，依据反应器内部的温度（T）和压力（P），臭氧浓度（C_L）很容易达到饱和值。由于液体中臭氧浓度过饱和，尤其是当压力突然降低时，很容易逸出臭氧气体。

臭氧的应用中存在着气体混合发生爆炸的可能性。例如，在臭氧处理地下水和废水的大规模应用中，尾气中可能含有挥发性的有机化合物。这些有机化合物由于温度较高从反应器中逸出，在排气管中凝聚。因此我们必须注意防止这些有机物和臭氧或者氧气混合。在实验装置中，类似的情况可能发生在沾满油污的阀门和其他一些有机物玷污的部位。

2.5.2 环境空气中臭氧的监测

在各种形式的臭氧氧化应用中，都应该安装与臭氧发生器自动关闭装置连接的环境空气臭氧监测仪，以确保当反应器或者管道中臭氧发生泄漏时，实验人员不会受到伤害。有几家公司生产臭氧分析仪，它可以在 $\lambda = 254$nm 监测出浓度为 $0.001 - 1.000$ppm 的臭氧。安装这些装置时，必须注意正确地安装分析仪的进气部分，例如要保证空气中没有颗粒物质，否则这些物质会在分光光度计样品池内表面形成薄膜，影响测量结果。有些装置需要用完全没有臭氧的气体进行在线校准，通常吸入通过活性炭过滤器的空气就可以进行校正。

在夏季有雾时，环境空气中的臭氧浓度会升高，可能超过法律规定的阈值，例如德国规定的最大工作环境值（MAK）$200\mu g\ m^{-3}$，这时可能发生臭氧发生器被关闭的问题。有时常规实验室环境的阈值会低于实际空气中的臭氧浓度。

2.6 常见的疑问、难题和易犯的错误

开始实验之前，阅读下面的内容将会有很大帮助，因为书中提供了很多的关于臭氧应用的信息，然而对于初学者来说，很难区分这些信息中哪些是重要的，哪些是不重要的。经验可以使很多事情变得简单，然而经验往往是从反复实验和错误中总结出来的。表 2-8 中列出了很多实验人员都会发现对其实验很有帮助的信息。由于实验背景不同，列出结论仅是个人的实验结果，不过这些要点可以帮助初学者少犯错误。

表中所列的简要答案只是实验中应该考虑问题的总结，详细的内容应该参阅引用的章节。

常见的疑问、问题和易犯的错误　　　　　　　　　　表 2–8

常 见 的 问 题	相 应 的 解 答	参阅章节
确定反应体系		
臭氧发生器（EDOG）：是否可以在稳定的 Q_G 条件下，产生所需各种不同的 c_{G_0}？	不能，这取决于臭氧发生器的运行参数。应该选择合适的臭氧发生器	B2.2.1.2 图 2–2
臭氧发生器（ELOG）：能否在污水处理中用一个电解式臭氧发生器来代替 EDOG，从而不需要考虑传质问题？	一般情况下不行。ELOG 臭氧发生器的产率非常低而且单位能耗大，并且 ELOG 臭氧发生器在现场需要用去离子水来产生臭氧	B2.2.2
臭氧发生器：能否使用 PVC 材料？	可以，但是最好只在废水实验时使用	B2.1 B2.1.2
臭氧反应器尾气：含有臭氧的反应器尾气能否安全处置？	可以。必须要有一尾气臭氧去除装置。现在有几种类型的净化装置 小心臭氧/氧气和一些有机物混合可能产生爆炸 在臭氧净化器后安装一个充满水的臭氧捕集装置，这有助于控制气体流速和发现泄漏，还可以利用液体压力稳定气体流量	B2.5
尾气中臭氧的分解：使用 ELOG 系统时是否有必要安装分解臭氧的设备？	是的，臭氧可能由于过饱和的原因从被氧化的水中释放出来，出现在排出气体中	B2.5
环境空气中臭氧浓度监测仪：是否有必要监测实验室空气中的臭氧浓度？	非常必要。极力推荐监测实验室臭氧浓度，并且把监测器和臭氧产生装置相连，保证在发生泄漏的情况下，可以自动关闭臭氧发生装置	B2.5
三相系统中的材料：是不是每一种溶剂和固体都可以使用？	不是。必须保证溶剂和水是不混溶的、而且是不挥发的和无毒的 溶剂和固体必须是惰性的，抗臭氧氧化，然而有些材料不行（例如分子中含有碳碳双键，就很容易被臭氧氧化）	B6.3
选择分析方法		
评估正确的 $c(M)$：怎样终止副反应的进行？	必须用 NaS_2O_3 去除（猝灭）臭氧	B2.4

续表

常见的问题	相应的解答	参阅章节
评估正确的 c_L： 在臭氧氧化废水时是否可以使用电流探针？	可以。但是电流探针的维护工作量很大。建议对采集的数据与同时进行的靛青实验法的结果相比较 颗粒物、油、乳浊液和有颜色物质会对测定产生干扰	B6.3
过程检测		
臭氧发生器（EDOG）： 能否在 Q_G 很小的情况下运行臭氧发生器（EDOG）？	不行，EDOG 臭氧发生器通常有一个最小的气体流速 $Q_{G,min}$，低于这个流速，c_{G0} 将剧烈变化。所以很难将实验控制在稳定参数上运行，因此建议不要在该区域运行	B2.2.1.2
传质速率的优化： 能否通过改变 Q_G 的值来最优化 $k_L a$ 值？ （这一点在系统的混合过程完全由气体的流动速率决定时显得非常重要，例如鼓泡塔反应器中，Q_G 是惟一的变量）	不能，在一个使用 EDOG 的反应系统中（臭氧产生速率恒定），这两个参数会同时改变，对臭氧氧化速率产生负面影响：Q_G 升高通常导致 $k_L a$ 升高，c_{G0} 降低	B2.2.1.2
脱氧剂的使用： 在反应动力学测量中是否可以不限制叔丁醇（TAB）的使用？	不能。TAB 对 $k_L a$ 会产生很大的影响（α 因子）	B3.2.2
臭氧分解： 在废水的臭氧氧化实验中是否有必要准确知道臭氧的分解速率？	不需要。每个实验都不需要。通常臭氧和有机物的反应发生在液膜中（快速反应），因此 c_L 大约为零，但是臭氧分解不可能发生。通常测量溶解臭氧的浓度 c_L	B3.2, B4
臭氧反应器中 pH 控制： 怎么防止臭氧氧化后水的 pH 值下降（由于形成了有机酸）？	在间歇式实验中通常使用缓冲剂，但是缓冲剂的使用往往导致离子强度的升高 切记使用缓冲溶液的负效应：缓冲液中包含影响自由基链式反应速度的物质（磷酸盐）和影响 $k_L a$（在硫酸盐浓度较高时）的物质。所以应该尽可能的降低其浓度。用相同的缓冲溶液（没有底物 M）进行 $k_L a$ 的测定 在连续式的实验中，可以通过投加 NaOH 来控制 pH。经常可以观察到 pH 有小的波动，但是一般不会影响氧化结果	A3, B3, B4.4

续表

常见的问题	相应的解答	参阅章节
化学计量因子 z： 用什么方法确定臭氧和化合物 M 直接反应的化学计量关系？	可用如下方法：分别将化合物 M 和臭氧溶解在一个单独的容器中，混合两种溶液保证 $c(M)_0 \geq 4 - 10 c_{L_0}$，反应至臭氧完全耗尽 定义 z 为去除每摩尔化合物 M 所消耗的臭氧量，单位：mol O_3/mol M，有时会反过来定义，单位为 mol M/mol O_3 ！	
数据和结果评价		
文献中反应动力学数据的应用： 文献中的反应动力学数据（例如 $k_D(M)$）是否可以用来与自己的数据作比较并预测自己的实验结果？	可以。如果描述整个体系的所需数据已经被评估和报道过，则可以用来比较。应该考虑到在一个特定系统中传质效果可能影响 M 去除的（表观）反应动力学特征。注意 $k_D(k_R)$ 值并没有考虑传质速率对 $M(r(M))$ 去除的增强作用 通常需要用一个好的模型来预测实验结果	B1 B4 B3.2 B5
化合物去除率 $r(M)$ 变化范围很大的解释： 在（半间歇式）臭氧氧化实验中，为什么氧化每个化合物 M 的 $r(M)$ 变化范围非常大？	与反应同时进行的传质过程是一个复杂过程 很可能，测定实验结果时，传质速率对反应速率的限制程度不同，所以结果也就各不相同。有时反应会增强传质过程或者反应以不同的动力学模式进行	B3.2
传质的计算： 是否可以使用文献中计算出的 $k_L a$ 值？	不可以。可以使用文献数据（包括这本书）筛选 $k_L a$ 范围，要用实际装置和实际（废）水进行测量	B3.2 B3.3
正确的评价传质效果： 是否有一些会对 $k_L a$ 产生影响的因素，在实验开始之前会被遗忘？	是的。一些化学因素的影响应该引起重视，但它们经常被忽略 $k_L a$ 测定过程中一个常见的问题是用纯水测定而不是用实际的废水测定。 尤其要了解以下因素的作用： 1. 表面活性物质，例如苯酚、TBA、表面活性剂等。 2. 一些"不重要"的物质，虽然不会被臭氧氧化但是影响反应器中气体的分散。例如缓冲溶液中的硫酸盐会阻碍气泡的合并，增大 $k_L a$ 值 增强因子 E 用来评价臭氧气体吸收的同时进行反应而产生传质增强效应	B3.2.2 B3.2.2 B3.2 图 B3-5

73

参考文献

ASTX (1997) Ozone General and Delivery Systems for Semiconductor Processing, Product Information sheet, ASTeX Applied Science and Technology INC., Woburn MA USA.

ASTeX Sorbios GmbII (1996) Semozon 90.2 IIP, Ozone generator operation manual, Ver. 1.5e., ASTeX SORBIOS GmbII Berlin Germany.

Bader II, Hoigne J (1981) determination of Ozone in Water by the Indigo Method, Water research 15: 449 – 461.

Baerns M, Hofmann H, Renken A (1992) Chemische Reaktionstechnik, Lehrbuch der technischen Chemie Band I, Georg Thieme Verlag Stuttgart New York.

Beltrán F J, Encinar J M, Garcia – Araya J F (1995) modeling Industrial Waste waters Ozonayion in Bubble Contactors: Scale – up form Bench to Pilot Plant, In: Proceedings, Vol. 1: 369 – 380, 12th Ozone World Congress, May 15 – 18, 1995, International Ozone Association, Lille France.

Beltrán F J, Alvarez P (1996) Rate Constant Determination of Ozone – Organic Fast Reactions in Water Using an Agitated Cell, Journal Environmental Science & Health A31: 1159 – 1178.

Calderbank P H (1967) Mass Transfer in Mixing, Theory and Practice, In: Uni V W and Gray J B (eds.), Academic Press New York, London.

Chung H – K, Bellamy H S, Dasgupta P K (1992) Determination of Aqueous Ozone for potable Water Treatment Appilcation by Chemiluminescence Flow – Injection Analysis. A Feasibility Study, Talanta 39: 593 – 598.

DIN 3408 (1991) German standard methods for the examination of water, water and sludge; gaseous components (group G); determination (G3).

Fischer W G (1997) Electrolytical Ozone – Production for Super – Puper Water Disinfection. Pharma International 2/1997: (Sonderdruck).

Gaddis E S, Vogelpohl A (1992) The Impinging – stream reactor: A high performance loop reacor for mass trasfer controlled chemical reactions, Chemical Engineering Science 47: 2877 – 2882.

Gillbert E (1981) Photometrische Bestimmung niedriger Ozonkonzentrationen im Wasser mit llilfe von Diathyl – p – phenylendiamin (DPD), gas wasser fach – wasser/abwasser 122: 410 – 416.

Gottschalk C (1997) Oxidation organischer Mikroverunreinigungen in naturlichen und synthetischen Wassern mit Ozon und Ozon/Wasserstofferoxid, Dissertation, Sharon Verlag Aachen (Germany).

Gottschalk C, Schweekendiek J, Beuscher U, Hardwick S, Kobayashi M, Wikol M (1998) Production of high concentrations of bubble – free dissolved ozone in water – the fourth international symposium on ULTRA CLEAN PROCESSING OF SILICON SNRFACES, UCPSS '98 September 21 – 23, Oostende Belgium 59 – 63.

Hoigne J, BADER H (1980) Bestimmung von Ozon und Chlordioxid in Wasser mit der Indigo Methode,

Vom Wasser 55: 261 – 269.

Horn R J, Straughton J B, Dyer – Smith P, Lewis D R (1994) Developmen of the criteria for the selection of the feed gas for ozone generation from case studies, in: A K Bin (ed.) Proceedings of the International Ozone Symposium "Application of Ozone in Water and Wastewater Treatment" May 26 – 27: 253 – 262, Warsaw Poland.

Huang W H, Chang C V, Chiu C Y, Lee S J, Yu Y II, Liou II T, Ku Y, Chen J N (1998) A refined model for ozone mass transfer in a bubble column, Journal Environmental Science and Health, A33: 441 – 460.

Hughmark G A (1967/69) Chemical Engineering Science 24: 291.

IOA 001/87 (F) (1987) International Ozone Association Standardisation Committee; c/o Cibe; 764 Chaussee de Waterloo B – 1180 Brussels.

IOA 001/89 (F) (1989) International Ozone Association Standardisation Committee; c/o Cibe; 764 Chaussee de Waterloo B – 1180 Brussels.

IOA 002/87 (F) (1987) International Ozone Association Standardisation Committee; c/o Cibe; 764 Chaussee de Waterloo B – 1180 Brussels.

IOA 006/87 (F) (1989) International Ozone Association Standardisation Committee; c/o Cibe; 764 Chaussee de Waterloo B – 1180 Brussels.

IOA 007/89 (F) (1989) International Ozone Association Standardisation Committee; c/o Cibe; 764 Chaussee de Waterloo B – 1180 Brussels.

Krost II (1995) Ozon knackt CSB WLB, Wasser, Wasser, Luft und Boden 5/1995: 36 – 38.

Kurzmann G E (1984) Ozonanwendung in der Wasseraufbereitung, Band 118, Kontakt & Studium, Umwelt, expert verlag, Grafenau, Germany.

Levenspiel O (1972) Chemical Reaction Engineering 2nd Edition, John Wiley & Sons, Inc. New York, Singapore.

Levenspiel O, Godfrey J H (1974) A Gradientless Contactor for Experimental Study of Interphase Mass Transfer With/Without Reaction, Chemical Engineering SCIENCE 29: 1123 – 1130.

Lin S H, Peng C F (1997) Performance characteristics of a packed – bed ozone contactor, Journal Envionmental Science and Health, A32: 929 – 941.

Marinas B J, Liang S, Aicta E M (1993) Modeling Hydrodynamics and Ozone Residual Distribution in a Pilot – Scale Ozone Bubble – Diffusor Contactor, Journal American Waterworks Association 85 (3): 90 – 99.

Martin N, Martin G, Boisdon V (1994) Modelisation of ozone transfer to water using static mixers Proceedings of the International Ozone Symposium "Application of Ozone in Water and Wastewater Treatment" May 26 – 27, 1994 Warsaw (Poland), 293 – 313.

Masschelein W J (1994) towards one century application of ozone in water treament: scope – limitations and perspectives, in A K Bin (ed.) Proceedings of the International Ozone Symposium "Application of Ozone in Water and Wastewater Treatment" May 26 – 27; 11 – 36, Warsaw Poland.

Ozonek J, Fijalkowski S, Pollo I (1994) A new approach to energy distribution in industrial ozonizers, in: A K Bin (ed.) Proceedings of the International Ozone Symposium "Application of Ozone in Water and Watewater Treatment" May 26 – 27; 218 – 227, Warsaw Poland.

Ozonia (1991) Das Membrel Mk II System fur elektrolytische Ozonerzeeugung, Product information, Ozonia AG Switzerland.

Samoilovitch V G (1994) The possibility of increasing efficiency of an ozonizer, in; A K Bin (ed.) Proceedings of the International Ozone Symposium "Application of Ozone in Water and Wastewater Treatment" May 26 – 27; 235 – 242, Warsaw Poland.

Sacchting H. (1995) Kunstsoff – faschenbuch, 26 Ausgabe, Carl Hanser Verlag Munchen, Wien ISBN3 – 446 – 17885 – 4.

Saupe A (1997) Sequentielle chemisch – biologische Behandlung von Modellabwassern mit 2, 4 – Dinitrotoluol, 4 – Nitroanilin und 2, 6 – Dimethylphenol unter Einsatz von Ozon Dissertation Fortschritt – Berichte VDI, Reihe 15 Nr. 189, VDI – Verlag Dusseldorf (Germany).

Saupe A, Wiesmann U (1998) Ozonization of 2, 4 – dinitroluene and 4 – nitroaniline as well as imoroved dissolved organic carbon removal by sequential ozonization – biodegradation, Water Environment Research 70: 145 – 154.

Smark R B, Dormond – Herrera R, Mancy K H (1979) In situ Voltammetric Membrane Ozone Electrode, Analytical Chemistry 51: 2351 – 2319.

Standard methods for examination of Water and Wastewater (1989), 17th Edition, American Public Health Associational Chemistry 51: 2144 – 2147.

Sosath F (1999) Biologisch – chemische Behandlung von Abwassern der Textilfarberei, Dissertation am Fachbereich Verfahrenstechnik, Umwelttechink, Werkstoffwissenchaften der Technischen Universitat Berlin, Berlin.

Sotelo J L, Beltran F J, Gonzales M (1990) Ozonation of Aqueous Solutions of Resorchinol and Phloroglucinol I; Stoichiometry and Absorption Kinetic Regime, Industrial Engineering and Chemical Research 29: 2358 – 2367.

Stockinger H (1995) Removal of Biorefractory Pollutants in Wastewater by Combined Ozonation – Biotreatment Dissertation ETH No 1 1 063, Zurich.

Sunder M, Hempel D C (1996) Reaktionskinetische Beschreibung der Oxidation von Perchlorethylen mit Ozon und Wasserstoffperpxid in einem Rohrreaktor, Chemie Ingenieur Technik 68: 150 – 155.

Tsugura H, Watanabe T, Shimazaki H, Sameshima S 91998) Development of a monitor to simultaneously measure dissolved ozone and organic matter in ozonated water, Water Science * Technology 37: 285 – 292.

VTU (1996) Der elektrolytische Ozongenerator OGE 3/W fur zuverlussige Reinstwasser – Desinfektion, Firmeninformation VTU Umwelt – und Verfahrenstechnik, Rheinbach Germany.

Wroski M, Samoilovitch V G, Pollo I (1994) Synthesis of NO_X DURING OZONE PRODUTION FROM THE AIR, IN: a k Bin (ed.) Proceedings of the International Ozone Symposium "Application of Ozone in Water and Wastewater Treatment" May 26 – 27: 263 – 272, Warsaw Poland.

3 传质过程

臭氧,在标准温度和压力下为气体,通常由空气中的氧气在放电作用下产生臭氧,在需要高浓度臭氧时,需要用纯净的氧气制备。必须将含有其他气体的臭氧与水或废水接触,才能将其中的污染物氧化,因此,这就需要一个从气相到液相的高效传质过程。

本章首先提供了关于臭氧传质的基本理论,包括气体吸收(双)膜理论和总传质系数 $K_L a$(B3.1 部分)以及主要影响因素概况。在 B3.2 节中还提供了关于传质系数的经验修正因子。随后叙述了关于臭氧传质系数的常用测定方法(B3.3 节),并对实验运行的实施提出了一些建议。我们将重点放在实验的设计,以便得到准确的传质系数。

3.1 传质理论

当物质通过相界面从一相转移到另一相时,传质阻力在每相中引起浓度梯度(如图 3-1)。

Lewis 和 Whitman 提出通过界面的传质阻力是每相阻力之和。他们把这种观点称为双膜理论(two-film theory)。如 Treybal(1968)指出的,双膜理论并不依赖于描述每一相传质过程的模型,因此称之为"双阻力理论"(two-resistance)更为确切,这样不会造成混淆,因为若用双膜理论,膜理论(单相中的传质)和双膜理论(两相中的传质)非常相似,容易混淆。在下节中我们首先讨论单相中的传质过程,然后再回来讨论两相间传质过程,即双阻力理论(B3.2)。

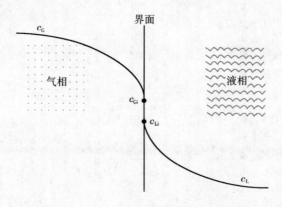

图 3-1 气相与液相界面相内的浓度梯度

3.1.1 单相中的传质过程

每相中的阻力由两部分组成：层流膜的扩散阻力和本体中的阻力。目前所有关于传质的理论，例如膜理论、渗透理论和表面更新理论，都假定本体流动阻力可以忽略，主要阻力产生于界面两侧的层流膜内（如图 3-2）。Fick 扩散定律是上述这些从层流膜到相界面传质过程的理论基础。

这些理论采用不同的假设和边界条件对于 Fick 定律进行积分，但所有的理论都认为膜传质系数与分子扩散系数 D 的幂 n 成比例，一般 n 值在 0.5 到 1 的范围内。膜理论假定，浓度梯度处于稳定状态而且是线性的（如图 3-2）（Nernst，1904；Lewis 和 Whitman，1924）。实际过程中流体传质时间可能非常短，膜理论所谓的稳定态的浓度梯度是来不及形成的。为此，人们提出了渗透理论解释这一缺陷，但又假定在恒定的确定时间内流体受表面传质的影响（Higbie，1935）。表面更新理论对传质时间进行了修正，从而允许时间是一个变量（Danckwerks，1951）。

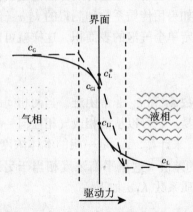

图 3-2 具有线性浓度梯度的双膜或双阻力理论（Lewis 和 Whitman，1924）

假设 n 取决于体系的紊流程度，Dobbins（1956）提出在充分的紊流状态下，n 接近于 0.5（表面更新理论或渗透理论采用的值），而在层流状态或紊乱度低时，n 接近 1.0（膜理论采用值）。因此，确定传质系数所用的 n 值取决于体系的紊流：

$$k \propto D^n \tag{3-1}$$

k = 膜传质系数；
D = 分子扩散系数；
n = 0.5 – 1.0，由体系紊流程度确定。

物质由一相传出时，传质通量 N 等于膜系数与浓度梯度的乘积，它等于进入第二相的通量：

$$N = k_G (c_G - c_{Gi}) = k_L (c_{Li} - c_L) \tag{3-2}$$

界面处相邻两项的扩散物质浓度 c_{Li} 和 c_{Gi} 并不相等，但根据动力学平衡理论通常假定这两者彼此相关。（见 B3.1.3 节）

为了计算进入液体的单位传质速率，即单位时间和单位体积内的物质传输量，除了 k_L 之外，有必要定义比表面积 a，即单位体积液体的传质面积。

$$m = k_L a (c_{Li} - c_L) \tag{3-3}$$

m = 单位传质速率

$a = \dfrac{A}{V_L}$ = 单位体积表面积

V_L = 液体体积

本书中所考虑的大部分传质设备产生的传质界面都是气泡形式。测定大量不规则气泡的表面积是非常困难的。如果用传质系数和测得的 $k_L a$（作为一个参数）将所有的气泡一起考虑，而不是分别测定单个气泡的表面积，这样就可以克服测定表面积的困难。

3.1.2 两相间的传质过程

通过实验测定膜传质系数 k_L 和 k_G 非常困难。当两相间的平衡分布为线性时，通过实验测定总传质系数非常容易。它可以从液相或气相任何一相进行测定。每个系数都是根据计算得到的总驱动力 Δc 来计算，Δc 是一相的本体浓度（c_L 或 c_G）与其对应的平衡浓度（c_L^* 或 c_G^*）之间的差值（这里平衡浓度相当于另外一相的本体浓度）。当控制阻力在液相时，采用总传质系数 $K_L a$ 如下：

$$m = k_G a (c_G - c_{Gi}) = k_L a (c_{Li} - c_L) = K_L a (c_L^* - c_L) \tag{3-4}$$

c_L^* = 与气相本体浓度相平衡的液相浓度。

这样就简单化了膜中的浓度梯度计算，也不需要知道界面浓度（c_{Li} 或 c_{Gi}）。

3.1.3 臭氧的平衡浓度

对于不发生任何反应的稀溶液，可用亨利定律来描述主体液相和气相之间化合物的线性平衡分布（如图 3-3）。

$$H_C = \dfrac{c_G - c_{Gi}}{c_L^* - c_{Li}} = \dfrac{c_{Gi} - c_G^*}{c_{Li} - c_L} \tag{3-5}$$

H_C = 亨利定律常数，无因次。

若函数通过原点，则上式可简化为：

$$H_C = \frac{c_{Gi}}{c_{Li}} = \frac{c_G^*}{c_L} = \frac{c_G}{c_L^*} \tag{3-6}$$

平衡浓度 c_L^* 或 c_G^* 可以通过 H_C 和本体浓度来计算。

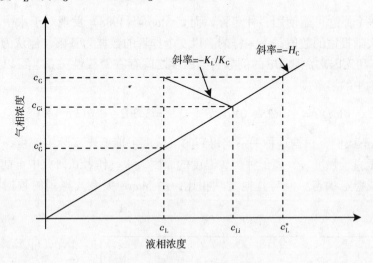

图 3-3 总浓度和界面浓度差

臭氧的平衡分布，定义和计算   表 3-1

参 数	定 义	方程（T 以 K 表示）
本生（Bunsen）系数 β（无因次）	当气相中臭氧的分压为 1 标准大气压（101325Pa）时，在温度为 T 的情况下，每体积水所能溶解的臭氧的体积（按标准状态计算）	$\beta = \dfrac{V_G}{V_L}$ $\beta = \dfrac{(273.15K/T)}{H_C} = S \times (273.15K/T)$
溶解度比 S（无因次）	液相平衡浓度与气相中臭氧浓度的比值	$S = \dfrac{c_L^*}{c_G}$ $S = \dfrac{1}{H_C} = \dfrac{c_L^*}{c_G}$
亨利定律常数 H_C（无因次）	气相中臭氧浓度与液相平衡浓度的比值，溶解度比 S 的倒数	$H_C = \dfrac{c_G}{c_L^*}$ $H_C = \dfrac{1}{S} = \dfrac{c_G}{c_L^*}$
亨利定律常数 H（atm/摩尔分数或 atm L/mol）	气相中的臭氧分压与液相平衡臭氧的摩尔浓度间比值（也称为亨利定律参数）	$H_C = \dfrac{p(O_3)}{c_L^*}$ $H = \dfrac{p(O_3)H_C}{c_G} = \dfrac{p(O_3)}{c_L^* S}$

分配平衡的概念会引起很多混淆。某一化合物在气液相间的分配平衡可以用各种形式表达，如 Bunsen 系数 β，溶解度比 s，无因次或有因次亨利常数 H_C 和 H。表 3-1 中以方程的形式总结了它们之间的相互关系。另一个经常用来描述两相间平衡浓度关系的概念是分配系数（partition coefficient），用 K 表示。它经常用来描述化合物在两液相间的分配。

不仅同一个概念可能使用多种名称，而且 Morris（1988）发现对于水中臭氧的平衡浓度，不同文献报道的数值是不一样的。以 9 个作者的数据为基础，他认为在臭氧的溶解度比 s（亨利无因次常数 H_C 的倒数）与温度之间存在着线性关系，可以用它来初步估算臭氧在水中的溶解度：

$$\log_{10} s = -0.25 - 0.013 T\ [℃] = 3.302 - 0.013 T\ [K] \tag{3-7}$$

Morris 提醒人们，根据这种关系式得到的溶解度可能低于实际溶解度，由于臭氧分解速率依赖于离子强度 μ、离子种类、温度的原因，一些作者在研究中可能并没有达到真正的平衡或稳定状态。但与其他文献相比，由 Morris 关系式得到的数据明显比较高（见图 3-4）。

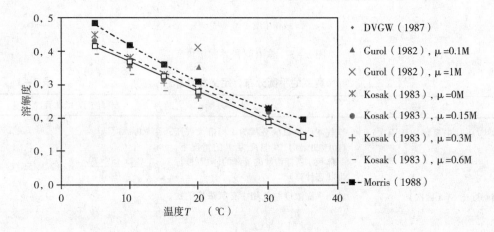

图 3-4 臭氧溶解度与液体温度的关系（温度 = 5 - 35℃）

在 $T = 20℃$ 时，臭氧的溶解度是气相中浓度的 1/3，却是氧气溶解度的 8 倍！我们必须考虑到气体不是纯的臭氧，在氧气中大约只有 20%（质量浓度）的臭氧（相当于在标准状态下 $c_G = 320.1\text{g m}^{-3}$，见表 B1-5），这也是标准大气压下，现在的放电臭氧发生器可以达到的浓度。因此，液体中臭氧的平衡浓度一般低于 $c_L^* = 108\text{g m}^{-3}$。

Sotelo（1989）等对影响臭氧溶解度的因素进行了更深入的分析。他们测定了在几种盐存在下的亨利常数，这些盐在臭氧氧化实验中常常用作缓冲溶液。根据搅拌容器中臭氧的质量平衡、气体吸收双膜理论以及不可逆化学反应，就可以得出亨利常数与温度、pH 值、离子强度的函数关系。根据这一函数关系得到的数据基本与实验结果一致，误差在 ±15%（见表 3-2）。由于 pH 值的变化，以及要在 $0℃ \leqslant T \leqslant 20℃$ 范围内达到每一个温度对应的稳定状态，因此在研究臭氧的分解过程时必须十分谨慎。可以用温度和浓度计算真实的平衡浓度。

Sotelo 提出的方程是一个推荐使用的通用方程。例如，磷酸钠溶液，离子强度 μ = 0.15 mol L^{-1}，T = 20℃，pH = 7，$p(O_3)$ = 0.5 – 3.5 kPa，则亨利常数平均值为 H = 5.577 ± 0.2466 kPa（mol fr.）$^{-1}$，臭氧的分解是一个二级反应（n = 2）。实验证实硫酸盐实际上对于臭氧的溶解度没有影响。但是必须记住由于对气泡聚集产生阻力，硫酸盐对于臭氧的气液传质过程有很大的影响。

有因次亨利常数 H [kPa（mol fr）$^{-1}$] 的一般公式（Sotelo 等，1989） 表 3-2

溶液中盐的类型	亨利常数 H [kPa（mol fr）$^{-1}$]	T（℃）	pH	离子强 μ（mol/L）
Na_3PO_4	$H = 1.03 \times 10^9 e^{(\frac{-2118}{T})} e^{(0.961\mu)} c_{OH^-}^{0.012}$	0 – 20	2 – 8.5	$10^{-3} – 10^{-1}$
Na_3PO_4 和 Na_2CO_3	$H = 4.67 \times 10^7 e^{(\frac{-1364.5}{T})} e^{(2.98\mu)}$	0 – 20	7.0	$10^{-2} – 10^{-1}$
Na_2SO_4	$H = 1.76 \times 10^6 e^{(0.033\mu)} c_{OH^-}^{0.062}$	20	2 – 7	$4.9 \times 10^{-2} – 4.9 \times 10^{-1}$
NaCl	$H = 4.87 \times 10^5 e^{(0.48\mu)} c_{OH^-}^{0.012}$	20	6.0	$4.0 \times 10^{-2} – 4.9 \times 10^{-1}$
NaCl 和 Na_3PO_4	$H = 5.82 \times 10^5 e^{(0.42\mu)}$	20	7.0	$5.0 \times 10^{-2} – 5.0 \times 10^{-1}$

3.1.4 双膜理论

Lewis 和 Whitman（1924）的双膜理论提供了关于膜传质系数与总传质系数之间的相互关系：传质的总阻力是各相阻力之和。

$$R_T = R_L + R_G = \frac{1}{K_L a} = \frac{1}{k_L a} + \frac{1}{H_C \times k_G a} \tag{3-8}$$

将式（3-8）重排，得到一个总传质系数与每个膜传质系数关系的方程：

$$K_L a = \frac{k_L a}{1 + \frac{k_L a}{k_G a \times H_C}} = k_L a \times \frac{R_L}{R_T} \tag{3-9}$$

R_T = 总阻力；

R_L = 液相阻力；

R_G = 气相阻力。

若主要阻力存在于液相中，则 $R_L/R_T \cong 1$，这样就可以进一步简化，总传质系数等于液膜传质系数。哪种阻力占主要地位可以由比值 $k_L a/(k_G a H_C)$ 来决定（表 3-3）。对于 H_C 值低的化合物（如半挥发性有机化合物）来说，两相中的阻力都是重要的（Libra，1993）。在氧气传质过程中，液膜侧的阻力占主导地位，$K_L a = k_L a$。对大多数臭氧传质过程来说情况也是如此，除非在膜内或气液界面内臭氧与溶解性化合物发生快速反应或瞬间反应，这样将会大幅度促进传质过程（这一问题将在 B3.2 中讨论）。因此通常我们不需要知道 $k_G a$ 数值。

传质控制因素　　　　　　　　　　　　　　　　　　　表 3-3

相传质系数与亨利常数的比值	总传质系数	控制传质过程因素
$k_L a \ll k_G a H_C$	$k_L a = k_L a_C$	液膜阻力
$k_L a \cong k_G a H_C$	$K_L a \cong k_L a R_L / R_r$	液相和气相阻力

3.2　影响传质的参数

有许多参数影响两相间的传质。正如我们上面所讨论的，两相间的浓度梯度是传质的动力，并与总传质系数共同决定了传质速率。在传质系数中包含了工艺参数（如流速，能量输入）和物理参数（如密度，粘度，表面张力）以及反应器几何形状的影响。在罐式搅拌反应器中 $K_L a$ 是很重要的参数：

$$K_L a = f\left[\frac{P}{V_L}, \ V_S; \ g, \ \nu_L, \ \rho_L, \ \nu_G, \ \rho_G, \ D_L, \ \sigma_L, \ S_i, \ H_C; \ 反应器几何形状\right]$$

(3-10)

工艺参数　　　　　　　　　　　　物理参数

P = 能量；　　　　　　　　　　　ν = 运动黏度；

V_L = 反应器体积；　　　　　　　ρ = 密度；

ν_S = 表面气体速率；　　　　　　σ = 表面张力；

g = 重力加速度；　　　　　　　　S_i = 气泡的聚集特性；

　　　　　　　　　　　　　　　　　D = H 扩散系数。

然而，传质速率不仅受物理特性的影响，而且受化学反应的影响。化学反应取决于相对反应速度和传质速度，它能改变在层流膜中所形成的臭氧浓度梯度，从而使传质系数增大，这反过来又加快了传质速率。

3.2.1 同步化学反应中的传质

由于化学反应所导致的传质增强程度，可用增强因子 E 表示，定义为：

$$E = \left[\frac{\text{化学反应下的传质速率}}{\text{物理传质速率}}\right] = \frac{r(O_3)}{k_L a (c_L^* - c_L)} \quad (3-11)$$

增强程度依赖于每一相中反应物的相对浓度、溶解度、传质的相对阻力和反应步骤。我们可以通过将不同的物质注入到只有物理吸收的反应器中来说明这一点（如图3-5）。如果我们引进了一种反应慢的化合物，不发生任何传质增强现象，那么在膜和液相中会形成与（1）相似的浓度分布曲线。与臭氧更为容易反应的化合物可以发生更快的或瞬间反应，从而形成（4）或（5）的梯度曲线。在膜中形成氧化产物 P 扩散进入本体（4）。在上述两种情况之间是适中模式（2）和（3），随着反应由慢到适中，到快，再到瞬间反应，浓度梯度曲线越来越陡，反应深入膜内进行。反应的动力学模式也随着反应物浓度的变化而改变。为了简化讨论，假设在所有讨论中液膜中有机污染物浓度 $c(M)$ 和气相中臭氧的浓度恒定。如果摩尔浓度 $c(M)$ 比摩尔浓度 c_L 高，上述假设就是正确的。然而，在间歇反应器中，臭氧和污染物的浓度将随反应时间变化，因为随着臭氧氧化过程的进行，污染物浓度不断减少，同时又由于臭氧的消耗量越来越小，臭氧在液相中的浓度将不断增大。

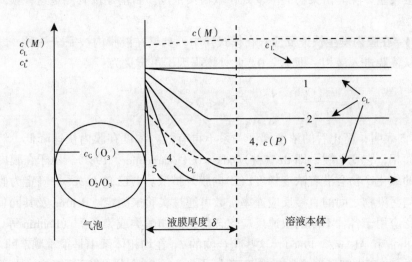

图3-5 化学反应下传质过程的不同动力学模式

在下面讨论中，简要解释了四种重要模式，以便概括去除污染物的速率控制步骤和它代表的实际情况。有关这些模式的数学描述超出了本书的范围,读者可以进一步查阅文献。Hatta (1931) 首次描述了快速气-液反应的原理。Charpentier (1981)、Levenspiel (1972)、Levenspiel 和 Godfrey (1974) 发表了更详细的研究工作。Beltrán 及其同事首先将这种模型应用于废水的臭氧氧化过程 (Beltrán 等,1992a,b,c;Beltrán,1995)。此后 Stockinger (1995) 发表了更全面的研究工作。

模式 1 – 液相本体中的慢速反应:传质速率非常高,臭氧与污染物的反应很慢。臭氧的溶解度 c_L^* 和臭氧液相浓度 c_L 之间的差别很小,但是它对于臭氧按照线性浓度梯度关系传质到液相中来说是足够的。除了压力和温度的影响外,臭氧总消耗速度、污染物 M 的反应速度还受化学参数的影响,例如臭氧浓度和污染物浓度、pH 值、污染物分子结构等。反应速度还受化学动力学的控制。在饮用水臭氧氧化过程中会出现这种情况:低浓度的污染物 M 与臭氧反应速度非常慢。即使 pH 值升高促进臭氧的分解,反应也按照模式 1 进行 (Metha 等,1989)。传质过程与化学反应无关,因此 $k_L a$ 和 k_D 都可以分别测定。

模式 2 和模式 3 —模式 2:在溶液本体的反应速度适中;模式 3:膜中反应适中或溶液本体反应速度很快。当反应速率高传质速率低时,臭氧浓度在膜内部迅速降低。化学反应动力学和传质过程都是速度控制步骤。和原反应以相对低的速率在膜内和外部发生,由于对流和扩散作用,膜内部的臭氧消耗速率比臭氧传质速率低,从而导致液相本体中存在溶解性臭氧。此时增强因子 E 约为 1。此模式非常广泛,几乎在每个臭氧氧化过程中都会发生,除非污染物的浓度处在微污染范围。目前还没有测定这种模式中 $k_L a$ 或 k_D 的方法。

模式 4 – 在膜内发生快速反应:在模式 4 中,臭氧在液膜内被完全耗尽,以致没有任何臭氧从液膜进入液相,即 $c_L = 0$。此处增强因子可定义为:

$$E = \frac{r(O_3)}{k_L a c_L^*} \qquad 1 < E < 3 \qquad (3-12)$$

图 3-5 表明,简化后的浓度梯度关系不再有效。浓度在膜内快速降低,然后,在气-液界面相,它变平缓,即 $dc(M)/dx = 0$ (Charpentier,1981)。由于在膜内进行反应,形成的氧化产物会沿着浓度梯度 $c(P)$ 向膜外扩散。若已知 $k_L a$,并确定为假一级反应,臭氧与污染物之间的直接反应速率常数可通过实验来测定。Beltrán 及其同事已将这一方法广泛应用于各种不同的快速反应化合物,例如酚类或染料等 (Beltrán 等,1992c,1993 或 Beltrán 和 Alvarez,1996),这些化合物的 k_D 在均相体系中是很难测定的。

模式 5 – 在膜内部所形成的反应平面上 (reaction plane) 的瞬间反应:在很高的反应速率和很低的传质速率情况下,臭氧会迅速在气泡表面进行快速反应。反应不再依赖于臭氧通过液膜的传质过程 (k_L) 和反应常数 k_D,但它取决于比表面积 a 和气相浓度。此时，气相阻力变得非常重要。对于低浓度 $c(M)$ 的污染物来说，反应平面处于液膜内，液膜传质系数和比表面积 a 都起重要作用。这种情况下，增强因子会上升很高：$E \gg 3$。

如果 $c(M)$ 和 c_G 选择恰当，反应可按照这种动力学模式进行，利用这种模式可以测定系统的 $k_L a$ 值；若反应器内气泡的比表面积 a 已知（通过其他方法测定），也可测定 k_L。这个方法同臭氧与有机化合物的快速直接反应结合，就可以用这种方法来测定 $k_L a$ 和 k_D（Beltrán 和 Alvarez, 1996; Beltrán, 1993，见 B3.3）。

在大部分饮用水处理过程中，反应速度非常慢，传质过程一般按照模式 1 进行。污染物浓度和氧化速率也很低。整个过程完全被化学动力学所控制。在废水处理中，污染物浓度会高出 10 倍或更多。这种情况下，臭氧氧化按照模式 4 或 5 进行，传质过程对于氧化过程的控制作用很大。在废水臭氧氧化处理过程中必须考虑这种化学动力学特征。

在大多数文献和本书的其他部分中，一个惯例就是将传质系数定义为没有化学反应发生的传质系数，将增强因子 E 定义为由化学反应引起的增强作用。此外，在本书的其余部分均采用了阻力的简化方式，即传质阻力主要是液相阻力。上述简化是基于传质过程是臭氧和氧的物理吸收过程；如果存在化学反应，它将改变这种传质过程。这意味着 $K_L a = k_L a$，浓度梯度可用与气相本体浓度平衡的液相浓度 c_L^* 和溶液本体浓度 c_L 之间的差值来描述。因此传质速率就可定义为：

$$m = E k_L a (c_L^* - c_L) \tag{3-13}$$

3.2.2 传质系数的预测

如果方程（3-10）中的变量量纲分析具有相关性，传质系数的预测变得非常容易，例如，在实验室的实验放大到工业应用过程中，或液体性质变化时预测传质系数。但是目前还没有研究出如此复杂的关系式。

Zlokarnik (1978) 已经研究出密度、黏度、表面张力的变化引起的放大因子，并将这些因子的相关性成功地应用于某些形状的反应器，如罐式搅拌反应器和完全确定的体系（如空气-水）。

$$k_L a \left[\frac{\nu_L}{g^2} \right]^{\frac{1}{3}} = f \left[\left[\frac{P}{V_L \rho_L (g^4 \nu_L)^{\frac{1}{3}}} \right]; \left[\frac{\nu_S}{(g\nu_L)^{\frac{1}{3}}} \right]; Sc; \frac{\rho_G}{\rho_L}; \frac{\nu_G}{\nu_L}; \sigma^*; Si^* \right] \tag{3-14}$$

Sc = 施密特常数（Schmidt number），ν/D；

σ^* = 无因次表面张力，$\dfrac{\sigma}{\rho_L (\nu^4 g)^{\frac{1}{3}}}$；

Si^* = 气泡凝集系数，未确定。

对于鼓泡塔也有相似的因子，它包括了气体滞留系数 ε_G，即分散在液相中气体占据的反应器中液相的体积分数。在相同的气/液体系中比较一种化合物的传质时，例如臭氧或氧在清洁水中的传质过程，上述方程中的因子数相应减少，只剩下前三项。

Dudley（1995）和 Libra（1993）在对于鼓泡塔和罐式搅拌反应器的研究中，得出的一些关系式可以用来估算臭氧反应器的 $k_L a$ 和 ε_G。他们还将自己的实验结果与文献中的经验公式，或者根据理论分析或量纲分析得到的关系式进行了比较。Dudley 认为根据理论得到的关系式要比从曲线拟合得到的关系式适用性好。

尽管水的组成成分对于水的密度和粘度不会产生很大的影响，但由于表面张力和气泡的聚集行为会发生变化，可能引起传质系数发生很大的变化，目前还没有可靠的关系式对这种状态进行描述。为此，引进了经验修正因子的方法来解决这一问题（Stenstrom 和 Gilbert，1981），其中两个修正因子将在后面详细讨论。一般来讲，这些经验修正因子是用来校正由于温度和水环境的变化引起的清洁水中的传质系数，温度变化和水环境的修正因子分别用 Θ 和 α 表示。由于经验修正因子包含了很多参数，因此当 Θ 和 α 不仅随污染物浓度和种类，而且随水力学条件变化时，上述这些修正因子的缺陷就十分明显。因此，有必要更好地了解物理性质和 $k_L a$ 以及水或废水具体物理量之间的相关性，以便根据量纲分析建立这些参数间的关系式。可是从实际角度来看，如果测定和使用恰当的话，这些经验修正因子已经证明是非常有价值的。

经验修正因子是为了比较两种传质系数提出来的，因此，必须准确测定传质系数。Brown 和 Baillod（1982）指出由测定不准确得到的两个传质系数（表观传质系数）比值得到的水环境修正因子 α 与实际传质系数得到的修正因子 α 是不同的。

Θ 因子 – 温度修正因子

温度影响传质过程中所有的相关物理特性：黏度、密度、表面张力和扩散性。在解释由温度引起的参数变化时，经常使用的经验因子是 Θ 因子。

$$k_L a_{20} = k_L a_T \Theta^{(20-T)} \quad (3-15)$$

$k_L a_{20}$ = 20℃时 $k_L a$

$k_L a_T$ = 温度 T（℃）时 $k_L a$

Θ = 温度修正因子

在总结了有关温度修正的文献后，Stenstrom 和 Gilbert 发现 Θ 的范围是 1.008 – 1.047，他们建议采用 Θ = 1.024，误差为 ±5%。

α 因子 –（废）水组分修正因子

α 因子，是在研究市政污水处理厂曝气池氧气传质过程中提出的。它表示在废水

（WW，waste water）中测定的氧气传质系数与在自来水（TP，tap water）中测得的传质系数的比值。

$$\alpha_{O2} = \frac{k_L a_{WW}}{k_L a_{TP}} \qquad (3-16)$$

更通俗地讲，它表示在某种条件下，如一定的输入能量和确定的反应器几何形状等，在"污水"中所测定的 $k_L a$ 值与同样条件下在清洁水（即几乎没有有机和无机污染物）中测得 $k_L a$ 的比值。在废水中，液相组分因其来源不同而变化很大。一般密度和黏度的变化非常小，或者检测不到，但氧气的传质系数却变化很大，可以高达 2 倍或 3 倍（Gurol 和 Nekouinaini，1985；Stenstrom 和 Gilbert，1981）。传质系数这种变化可能是由于表面张力或气泡凝聚行为造成的，并且这种变化对体系的水力学条件产生影响，或者受动力学条件的影响。

3.2.3 （废）水成分对于传质的影响

在进行放大试验时，必须考虑到水或废水成分的变化可能引起传质速率变化。通过下面的案例我们可以说明影响传质系数化合物的种类及影响程度。这种影响又可以粗略分为气泡聚集状态变化或表面张力变化的影响。一定要注意的是，如果化合物与臭氧反应，体系的水力学状态不仅取决于所采用的反应器类型，还取决于反应器中反应物的浓度。在连续式罐式搅拌反应器（CFSTR）中，反应物浓度等于出水浓度，它的传质速率变化规律与间歇反应器不同。

气泡聚集状态的变化

酚和取代酚都是典型的（生物）难降解废水组分，Gurol 和 Nekouinaini（1985）研究了酚类化合物在氧气传质测定中的影响，发现这些物质可以使水质修正因子（$\alpha(O_2)$）提高到 3 以上。他们认为这种影响是由于气泡聚集的阻碍作用引起的，气泡聚集会增加表面积 a。在评价酚类物质对于臭氧传质速率的影响时，很重要的一点是要注意这些物质会与臭氧发生快速反应（直接反应 $k_D = 1.3 \times 10^3 \text{L mol}^{-1}\text{s}^{-1}$，pH = 6 - 8，T = 20℃，Hoigné 和 Bader，1983b）。

在动力学实验中，叔丁醇是一种常用自由基终止剂，它对水质修正因子 α 也同样有影响（见 B4.4）。叔丁醇 α 因子依浓度不同（c（TBA）= 0 - 0.6mM）而不同，所测的 $\alpha(O_2)$ 值高达 2.5（Gurol 和 Nekouinaini，1985）。叔丁醇与酚类物质相比，很难用分子态臭氧氧化（k_D（TBA）$\approx 3 \times 10^{-3} \text{L mol}^{-1}\text{s}^{-1}$，pH = 7，Hoigné 和 Bader，1985），因此在臭氧的传质实验中，也要研究叔丁醇对 $k_L a$ 的影响。

反应器系统的水力学条件对气泡凝聚起重要的作用。若气泡间的接触时间大于凝聚时间，气泡就会发生凝聚（Drogaris 和 Weilang，1983）。因为不同的反应器有不同的接触时间，由有机化合物引起的凝聚限制程度取决于所采用的反应器和曝气器的类型。凝聚的可能性越大，这种限制作用就越大。由于在很高的气体流量下，气泡结合的可能性大，在这些化合物存在的情况下，会发现 α 因子随气体流速的增加而增加（Gurol 和 Nekouinaini，1985）。

在关于酚的半间歇臭氧氧化模拟研究中证实了对 k_La（O_3）或 k_La（O_2）的计算值进行准确分析的重要性（Gurol 和 Singer，1983）。当将 k_La（O_2）作为残余酚类物质浓度的函数进行测定时，测定的数据和计算数据非常吻合。可观察到，当酚的浓度由 $c(M) = 50$mg/L 降低到 $c(M) = 5.0$mg/L 时，氧气传质系数从 k_La（O_2）$= 0.049s^{-1}$ 变化到 k_La（O_2）$= 0.021s^{-1}$。

表面张力的变化

严重影响氧气或臭氧传质系数的有机物是表面活性剂。由于少量的表面活性剂可通过在气-液界面强烈的吸附作用来降低表面张力，所以低浓度的表面活性剂就可能引起传质系数很大的变化。在许多关于表面活性剂对于传质影响的研究中发现，传质过程随表面张力的减少而降低。然而，也有关于传质增加的报道。这可以用表面活性剂对传质过程的两方面的影响进行解释，它既可以改变膜传质系数 k_L 也能增加界面表面积 a。

由于 k_L 或 a 的减少，或者两者都减少，α 因子可能减少到1以下。可以用两种理论来解释 k_L 的减小：屏蔽效应和水动力学影响。在屏蔽理论中，由于表面活性剂的存在，通过表面活性剂层的扩散能对传质产生了额外的阻力。在水动力学理论中，在气-液界面的表面活性剂分子层会减少水动力学活性（Gurol 和 Nekouinaini，1985）。

由于比表面积 a 的增加，增强因子 α 有可能增加到1。表面张力 σ 的减小导致形成的气泡变小，或者说是在相界面处表面活性剂抑制了气泡聚集。表面活性剂产生的影响取决于反应器的水动力学条件（Mancy 和 Okum，1965；Eckenfelder 和 Ford，1968；Libra，1993）和表面活性剂本身（例如阳离子型和阴离子型）（Wagner，1991）。Libra 利用连续式罐式搅拌反应器（CFSTR）研究了阴离子表面活性剂的影响，她发现由于在气泡/水界面处形成了表面活性剂吸附层，降低了界面处湍流程度，从而导致在中度湍流区域氧气的传质系数 k_La（O_2）减小。表面张力越低（即表面活性剂浓度越高），k_La（O_2）值下降量就越大。随着混合强度的增加，发现 k_La（O_2）恢复到自来水的原始值；增加湍流程度可造成气泡/水界面的表面更新加快，因此可消除表面活性剂的影响。在高度紊流区，k_La（O_2）值快速增加。表面活性剂对气泡聚集的阻抑作用使得界面积增加。

然而，并不是所有的表面活性剂都能抑制气泡的聚集。有些表面活性剂，尤其是一些非离子表面活性剂（常用作消泡剂）能促进气泡的聚集，减少界面比表面积 a（Zlokarnik，1980；Wagner，1991）。在饮用水和地表水的臭氧氧化应用中也有类似的影响。Wagner（1991）对两种阴离子和一种非离子表面活性剂的影响进行比较，发现对每一种表面活性剂来说，尽管 α 因子随 σ 的降低而减小，但在 α 因子和 σ 之间无法建立通用的关系式。

表面活性剂的影响在废水的臭氧氧化中具有重要的作用，因为在废水中这类物质的浓度很高。在饮用水和地下水的处理中，表面活性剂也存在一定的影响，如在水溶液中对有机磷杀虫剂二嗪农的臭氧氧化分解过程中就会发现这种现象。二嗪农即使在非常低的浓度下（$c(M) \leqslant 10\text{mg/L}$），也会很大程度影响水溶液的表面张力，从而对氧化机理产生影响（Ku 等，1998）。

3.3 传质系数的测定

根据传输物质的浓度是否随时间改变，可将测定传质系数的方法分为：

- 非稳定态方法
- 稳定态方法

采用哪种实验方法取决于反应器的类型及其运行方式，以及测定中采用的是清洁水还是工艺水。如果在不发生任何反应的清洁水中测定 $k_L\alpha$，采用非稳态法更为简便和快捷。而对于发生反应的稳态过程，用稳定态方法测定 $k_L\alpha$ 更为合适，因为连续式过程不必间断，且运行条件与常规过程中采用的运行条件相似。由于反应速率往往依赖于反应物浓度，所以这对于发生反应的体系尤为重要。对于发生化学反应 $[k_L\alpha(O_3)]$ 或生物反应 $[k_L\alpha(O_2)]$ 的实际过程，例如废水处理系统，经常采用稳态法来研究传质系数。

实验测定传质系数是以反应器的质量平衡为基础的（如图 B1-2）。系统越简单，评价实验结果的质量平衡模型就越简单。例如，若反应器中的混合形式偏离理想值过多，那么 k_L 在整个反应器中不再保持一致。因此上述两种方法就都不能采用，因而有必要用一种更为复杂的混合区模型来取代上述模型（Linek，1987；Stockinger，1995）

若在反应器体系中下列假定成立：

- 气相和液相都处于理想混合状态
- 在液体表面所发生的臭氧传质过程可忽略
- 液体和气体流量恒定

流入和流出反应器的气体流量没有净变化，即 $Q_{Gin} = Q_{Gout} = Q_G$（Q_{Gin}：流入速度，

Q_{Gout}: 流出速度)。如果用氮气制备的不含氧的水来测定 k_La（O_2）时,解析出的氮气体积接近于吸收的氧气体积。

下面给出了在假定气相和液相均理想混合的条件下（如图 B1-2），连续罐式搅拌反应器中（CFSTR）气体吸收方程。通过测定反应器中停留时间的分布，就可以检验所假定的这种理想混合状态（Levenspiel，1972；Lin 和 Peng，1997；Huang 等人，1998）。

考虑到对流、传质和反应（如臭氧的分解反应），在非稳态下每相的总质量平衡可以表示为：

液相：

$$V_L \cdot \frac{dc_L}{dt} = Q_L(c_{Lo} - c_L) + K_L a \cdot V_L(c_L^* - c_L) - r_L \cdot V_L \qquad (3-17)$$

气相：

$$V_G \cdot \frac{dc_G}{dt} = Q_G(c_{Go} - c_G) + K_L a \cdot V_L(c_L^* - c_L) - r_G \cdot V_G \qquad (3-18)$$

在稳定态下 $dc/dt = 0$，可将每一相的物料平衡与反应器中的总物料平衡合并起来，这可用来对系统进行检测，以确定流入流出及参与反应的物质。

$$Q_G(c_{Go} - c_G) - r_G \times V_G = Q_L(c_{Lo} - c_L) - r_L \times V_L \qquad (3-19)$$

在下一节中，提出了测定传质系数最常用方法和每种方法存在的问题。从实际情况出发，讨论了臭氧传质系数的直接测定方法。然而，由于快速反应会造成传质增强，因而用臭氧作为传输物质是不切实际的，甚至是不可能的。那么可用氧气传质系数来间接测定臭氧传质系数。下面描述了具体的测定步骤，在必要时，借助氧气传质特性。

3.3.1 无传质增强的非稳定态方法

本节所描述的非稳定态方法是以体系中不发生反应或反应可忽略为基础。若存在反应，则质量平衡的处理更为复杂，因为

- 反应速率多数是反应物浓度的函数，反应速率随时间改变
- 发生传质增强

另外还需要其他方法来分析这些数据（见 Levenspiel，1972；Levenspiel 和 Godfrey，1974）。

间歇式模型

实验室中最常用的方法是使用间歇式装置（对液体间歇），向反应器内不含臭氧的

水中充入臭氧/空气或臭氧/氧气混合物。整个过程中，液体中臭氧浓度随时间的变化过程可以用臭氧探针或在线光度计测定。质量平衡公式可以简化为：

$$\frac{dc_L}{dt} = K_L a \ (c_L^* - c_L) - r_L \tag{3-20}$$

在 pH≥4 时，即使在清水中也不能阻止臭氧分解（可以将此看做臭氧的特殊反应）。为了达到不发生任何反应的状态（$r_L = 0$），大部分臭氧传质实验是在 pH = 2 条件下进行。在 pH 值较高的臭氧传质实验中，必须知道臭氧分解速度（r_L）或可通过实验确定该值（Sotelo 等，1989，见 B4.4）。

臭氧分解产生的传质增强作用引起的 $k_L a$ 变化可以忽略，例如 Huang 等人（1998）研究了强碱性溶液（pH = 12-14）中氰化物的臭氧氧化过程，发现液相物理传质系数并不是很低（$k_{L^\circ} > 0.03$ cm S^{-1}）。这在许多臭氧氧化实验结果中得到了证实。这些实验表明在较低的 pH 值时，液膜内无任何臭氧分解发生（苯酚溶液，pH = 10，Meta，1989；4-硝基苯酚，pH = 8.5，Beltrán，1992a）。

实验步骤

在间歇式非稳定态实验中，首先用水充满反应器，用来吸收气体。将温度保持在运行温度。然后用真空脱气或用 N_2 去除臭氧，浓度至少降到 0.10mg/L。通过一个三通，将气体通道转向臭氧/空气或臭氧/氧气混合物中，与反应器气相连通，记下溶解臭氧随时间的变化，最好用计算机记录。在连通之前，最好先启动和运行臭氧发生器，以便使实验过程中 c_{Go} 值恒定。

用质量平衡方程 3-17 可计算传质系数。对方程进行简化，$Q_L = 0$，若臭氧分解可忽略，则 $r_L = 0$，然后对质量平衡方程进行积分，得到：

$$\ln \frac{c_L^* - c_L}{c_L^* - c_{Lo}} = k_L a \cdot t \quad \text{或} \quad \frac{c_L^* - c_L}{c_L^* - c_{Lo}} = e^{k_L a \cdot t} \tag{3-21}$$

可用任何一种常用的非线性回归或线性回归法来计算这些数据，$k_L a$ 是浓度差的自然对数与时间关系图的斜率。要使测定有效，应使 10 个以上的数值保持线性关系，因此必须准确地测定。当然，模型中的原有假设必须适用于实验系统，尤其是适用于完全混合气体和液体，以及化学反应可忽略的状况。以下讨论两个常见的问题，其他常见的错误和问题列于表 3-3。

由于探针可能产生滞后效应，随 c_L 值快速变化得到的初始数据有可能不准确。偏离程度取决于探针的响应时间和 $k_L a$ 的大小（Philichi 和 Stenstrom，1989）。对一般实验室常用的氧气探针而言（时间常数小于 10 秒），建议将 c_L^* 的值减少 20%（ASCE Standard，1991）。可选择恰当的初值 $c_{Lo} t_0$，在线性和非线性回归中来考虑这个问题。

另一个问题是平衡浓度 c_L^*。使用准确的 c_L^* 值对于准确计算 $k_L a$ 来说非常关键。c_L^* 值可通过亨利定律从气相臭氧浓度得到。显然，根据流出气体所计算的值要低于根据流入气体所计算的值。在实验室小规模的臭氧反应器中，例如罐式搅拌反应器，要计算平均值：

$$\overline{c_L^*} = \frac{H_C}{2} \cdot (c_{Go} - c_G) \tag{3-22}$$

在较大、特别是较高的反应器中，例如鼓泡塔中，一般不能假定 c_L^* 值恒定。在塔高度不同时，平衡状态也不同。在这种情况下，Zlokarnik（1980）建议在氧气的传质过程中使用近似值，即用所谓的对数浓度差代替 $(c_L^* - c_L)$，其定义为：

$$\overline{\Delta c_L} = \frac{c_{Lo}^* - c_{Le}^*}{\ln \dfrac{c_{Lo}^* - c_L}{c_{Le}^* - c_L}} \tag{3-23}$$

c_{Lo}^* = 进气时的平衡浓度

c_{Le}^* = 出气时的平衡浓度

用 c_L^* 值拟合数据的方法可能解决这个问题。每次实验都可采用此方法，或者采用非线性回归法。

连续式模型

在连续式体系中，非稳态法更为复杂。随着体系向稳定态转变，溶解的臭氧浓度值（c_L）发生波动，c_L 值随时间变化。一般来说，可以利用能够与某种物质快速反应的臭氧氧化反应去除臭氧，这种化学反应不能产生进一步消耗臭氧或影响传质的氧化产物。对于氧气的传质，可以通过钴催化氧气与亚硫酸钠的反应去除 $c_L(O_2)$（Libra，1993）。尽管臭氧可与亚硫酸盐快速反应（根据 pH = 8 计算，$k_D = 0.9 \times 10^9 \mathrm{mol^{-1} s^{-1}}$；pKa（$HSO_3^- / SO_3^{2-}$）= 7.2，Hoigné 等人，1985），在文献中还没有发现用这种方法进行分析 $k_L a(O_3)$ 的应用报道。可用非稳态液相质量平衡方程 3-17 来对数据进行分析。不发生反应时方程的积分式为：

$$\ln \left[1 - \frac{c_L - c_{Lo}}{c_{L\infty} - c_{Lo}} \right] = -K_2 t \tag{3-24}$$

$$K_2 = \frac{Q_L}{V_L} + k_L a \tag{3-25}$$

c_{Lo} = 在 $t = 0$ 时的臭氧浓度

$c_{L\infty}$ = 在 $t = t_\infty$ 时的臭氧浓度

实验步骤

在反应器到达稳定态后可进行连续式非稳态测定，在恒定条件下至少需要水力停留时间的 3-5 倍才能达到稳定态。然后，将适量要氧化物质（即亚硫酸钠）注入反应器中。若液体中臭氧浓度立即减少到 $c_L \approx 0mg/L$，就说明加入亚硫酸盐的浓度是准确的。要加入足量的亚硫酸盐来维持 $c_L = 0$ 至少 1 分钟，以便使其在整个反应器中均匀分散。为此，必须使亚硫酸盐的摩尔数稍大于溶解臭氧的摩尔数。用计算机或带状记录纸记录随后的 c_L 值的增加。通过方程 3-24 可以对数据进行评价，线性回归得到的直线斜率就是 $-(Q_L/V_L + K_La(O_3))$。

用非稳态方法测定传质系数中存在的问题

众所周知，用非稳态方法测定氧气传质系数过程中会遇到一系列问题。Libra（1993）根据氧气传质的测定过程，对这些问题进行了详细的讨论。下表列出了一些最重要的问题。

用非稳态方法测定传质系数所存在的问题　　　　　表 3-4

实验过程中存在问题的步骤	与模型假定相冲突处	解释	备注
用 N_2 吹脱水中的气体	c_G 和 c_L^* 值恒定不随时间变化	开始再次充气后，用 N_2 将气相稀释	根据 k_La 值不同，计算值降低 40%（Chapman，1982）甚至 50%（Osorio，1985）
再次充气，尤其是 Q_G 很低时	气相理想混合；c_L^* = 空间常数	局部浓度梯度（c_G 和 c_L^*），表面曝气	若液体上方气体空间大而 Q_G 值小，会造成很大的误差
加入亚硫酸钠和钴催化剂	低和中等离子强度和凝聚系统	高离子强度和非凝聚系统引起界面面积的变化	对低离子强度水尤其对于 k_La 值高的水而言，得到的数据不具有可比性
氧气探针	c_L 变化，立刻响应	氧气探针时间滞后 τ	已经提出各种模型来描述氧气探针滞后（Dang 等，1977；Linek 等，1987），模型也能用于臭氧探针

在采用不同的体系时，如果忽视这些问题可能带来巨大的误差。在 k_La 值很小时，例如废水处理厂经常采用的 k_La 是 $0.001-0.005s^{-1}$，这些问题并不十分严重。例如 Brown 和 Baillod（1982）发现当 $k_La < 0.0025s^{-1}$ 时，由于忽略气相损耗而造成的误差要少于 10%。

为了解决这些问题，尤其对于 $k_L a$（O_3）值很大的情况来说，可采纳下列建议（Link，1987；ASCE Standard，1991）：

- 采用纯氧与液体真空脱气装置结合的工艺
- 采用恰当气相氧气浓度的模型
- 用模型或者将初始浓度 c_L^* 降低20%来弥补氧气探针滞后时间

因为臭氧发生器仅仅获得约20%质量比的臭氧，即14.3%体积比的臭氧，第一条建议，即采用单一组分的气体是行不通的。在高效传质装置中（$k_L a > 0.01 s^{-1}$）测定 $k_L a$ 时，要考虑探针的动力学因素。在工业领域经常使用高效传质装置进行臭氧氧化。

3.3.2 无传质增强的稳定态方法

稳态法常用于有反应存在的连续式运行中，这也是工业应用的实际情况。在实验室研究中，在有化学反应的半间歇式（气相连续）装置和气液相都连续的连续式装置中常常用稳态法。在连续式装置中，可以有化学反应发生，也可以没有反应发生。

稳态法的优势在于：

- 系统运行的水力学状态变化很小或不发生变化
- 因为浓度不发生变化，因而可以不考虑动力学影响，浓度测定得以简化
- 如果采用气相平衡，则液相中慢反应的反应速率不需要知道

如果我们知道参与反应或离开体系的臭氧量，那么测定慢反应的速率相对来讲就比较简单，可通过稳定态的方法来测定化学动力学过程控制的反应速率。对传质增强的动力学模式，传质速率和反应速率是相互依赖的。无论是 $k_L a$ 还是 k_D 都可在此体系中进行测定，并确定它们与传质模式的关系。这些方法与在B3.3.3中要讨论的方法非常相似（见 Levenspiel 和 Godrfrey，1974）

在下面的讨论中，假定所有反应按照慢速动力学模式进行。因为间歇式模型和连续式模型之间的区别很小，所以可将两者一起讨论。

间歇和连续式模型

根据液相和气相的质量平衡方程（方程3-17和3-18），有两种方法可以计算 $k_L a$ 值。对于仅在液相有化学反应的稳定态传质过程，可以得出下列关系式：

气相：

$$k_L a = \frac{Q_G}{V_L} \times \frac{(c_{Go} - c_G)}{(c_L^* - c_L)} \tag{3-26}$$

液相（间歇式）：

$$k_L a = \frac{r_L}{(c_L^* - c_L)} \tag{3-27}$$

液相（连续式）

$$k_L a = \frac{Q_L}{V_L} \cdot \frac{(c_L - c_{Lo}) - r_L V_L}{(c_L^* - c_L)} \tag{3-28}$$

当液相浓度达到饱和时，稳定态方法的误差会变大。应注意避免发生这种情况。

实验步骤

半间歇装置利用化学反应来去除液体中所吸附的气体。在测定氧气传质过程中，用SO_3^{2-}或N_2H_4来去除传输的氧气（Charpentier, pp. 42-49, 1981）。例如，调节反应物（SO_3^{2-}和N_2H_4）的加入速度，直至体系达到稳定状态。此时，溶解氧的浓度约为2mg/L。亚硫酸根离子的加入速度等于氧气传质速度。测定过程应该避免传质增强，使用联氨N_2H_4很难避免增强现象，因此很少使用联氨。

与半间歇类似，在连续式装置中可使用上述反应去除传输的氧气，也可以采用两个反应器串联的方式。在第一个反应器中，可用吹脱或真空除气的方法，从液相中去除氧气或臭氧，然后液体流入吸收器（第二个反应器）。通过吸收器的液体可循环使用或排放。读者可以在 Redmon（1983）和 ASCE（1991）等文献中找到更多有关这种方法在市政污水处理中的应用资料。

当c_L和c_G恒定至少30min时，就可以认为达到稳定状态。正如前面所提到的，反应器达到稳定态所需的平均时间是水力停留时间的3-5倍。

正如方程3-26，3-27或3-28所描述的，可以从液相和气相的质量平衡来计算臭氧的传质系数。液相中若存在反应，用液相质量平衡来计算会带来很大困难。在所研究的操作条件下，尤其是在考虑体系的c_L值时，必须用到反应速率。因为很难估算反应速度，而采用不准确的反应速率将无法得到准确$k_L a$值，因此，最好用气相平衡法来避免这个问题。

3.3.3 传质增强

在非均相气液反应器体系中，先进行气相吸收再进行液相反应，传质速率至少应等于反应速率。可用这条规律来测定传质系数和某种动力模式的反应速率常数（见B3.2.1）。要测定传质系数，动力学模式必须是瞬间的，反应必须发生在膜内（Charpentier，1981；Beltrán、Alvarez，1996）。要测定反应速率常数，动力学反应模式必须很快，并且 k_La 值已知。

瞬间反应是最快的反应，不会有任何气体转移到液相中。因此可利用这一点来测定 k_La 值，例如，臭氧与有机物的快速反应。发生反应的平面位于：

- 若 $c(M)_o \geqslant c_L^*$，在气液界面
- 若 $c(M)_o \ll c_L^*$，在液膜中

这种情况的特征是两种反应物被完全消耗掉，因此在反应平面内 $c_L = c(M) = 0$。仅在第二种反应中可以测定 k_La。在第一种反应中，没有臭氧转移到液膜中，因此只能通过 k_Ga 来测定传质速率（Charpentier，1981）。反应速率取决于臭氧和污染物向反应平面的传质速度，与反应速率常数无关。在液膜中反应是否是瞬间反应取决于实验条件，尤其是臭氧分压 $p(O_3)$ 和 M 的初始浓度 $c(M)_o$。例如，当 $p(O_3)$ 值很低，而 $c(M)_o$ 值很高时，反应趋向于瞬时发生。

利用瞬间反应测定 k_La 时，臭氧氧化实验应当在所谓的搅拌池（agitated cell）中进行，在搅拌池内两相可完全混合，传质面积可通过体系中气相和液相间形成的界面几何形状确定（见图 B2.5，Levenspiel 和 Godfrey，1974）。这种测试方法已经用于罐式搅拌反应器（Sotelo，1990；Sotelo，1991；Beltrá 和 Gonzales，1991），但这种反应器有两个缺陷：

- 比表面积未知
- 反应器排气口处臭氧分压随时间变化

若采用搅拌池，两个问题则可迎刃而解，因为连续定量进料以及气相的完全混合，传质面积和臭氧分压实际上是恒定的。

例如，Beltrán 和 Alvarez（1996）成功地应用半间歇搅拌池来测定合成染料的 k_L、$k_L\alpha$ 和速率常数，合成染料与臭氧的反应非常快（直接反应，$k_D = 5 \times 10^5 - 10^8$ L mol^{-1} s^{-1}）。利用常规的半间歇模式的罐式搅拌反应器，可以通过臭氧与 4-硝基酚（Beltrán 等，1992a）以及臭氧和间苯二酚或间苯三酚（Beltrán 和 Gonzales，1991）的瞬间反应来测定臭氧的传质系数 k_La（O_3）。在后一项研究中，作者还分别利用非稳态方法测定氧气在高纯水中的吸收过程，用稳态的方法测定了氧气在氯化亚铜溶液吸收过程的 k_La 值，并做了比较。三种不同的方法得到的 k_La 值具有高度的相似性（$k_La = 0.0018 \pm 8 \times 10^{-5}$ s^{-1}）和非常低的标准偏差。

实验步骤

利用瞬间反应中测定的 $k_L a$ 值非常繁琐，而且实验步骤也非常复杂，需要广泛的理论知识。对于理论的深入研究超出了本书的范围，读者可以查阅更详细的资料。图3-6只总结了基本的实验步骤并作了有限的评论。读者可参考原始文献，获得更全面的资料（有关非稳态方法在臭氧实验中的应用，请参阅 Beltrán 和 Gonzalez（1991），Beltrán（1992a），Beltrán 和 Alvarez（1996）；关于基础理论请参阅 Levenspiel 和 Godfrey（1974））。

首先，从瞬间反应中测定 $k_L a$ 值。然后，用已知的 $k_L a$ 从快速反应中测定 k_D。为了避免气相阻力的影响，要在污染物 M 的初始摩尔浓度远低于臭氧溶解度的情况下进行实验（溶解度分别与输入气体浓度和臭氧分压有关）。在 Beltrán 和 Alvarez 的研究中，在 $c(M)_0 < 0.5$ mM，$p(O_3) > 500$ Pa ≈ 6.1 mmol/L（气体）（$T = 20$℃）条件下，臭氧就可以与酚发生瞬间反应。在测定 $c(M)_0$ 和 $p(O_3)$ 时，所有的参数应保持恒定，同时可以测定浓度随时间的变化。对于每一种瞬间反应的模式都应该进行验证（Beltrán 和 Alvarez，1996）。

3.3.4 臭氧传质系数的间接测定

通过测定氧气传输过程可得到 $k_L a(O_3)$，有时这是惟一可行的方法。在这种情况下，要使用由方程3-29得到的扩散系数的比值：

$$k_L a_{O3} = \left[\frac{D_{O3}}{D_{O2}}\right]^n \cdot k_L a_{O2} = 0.622 k_L a_{O2} \qquad (3-29)$$

当 $n = 1$ 时，利用实验测定的臭氧扩散系数 $D(O_3)$ 和氧气的扩散系数 $D(O_2)$（$D(O_3) = 1.26 \times 10^{-9}$ m^2 s^{-1} (Matrozov, 1978)（$D(O_2) = 2.205 \times 10^{-9}$ m^2 s^{-1} (St. Denis, 1971)），可得到上述因子为0.622。幂 n 可从0.5变化到1，正如3.2中讨论的一样，取决于反应器中的水力学条件。就鼓泡塔中的臭氧氧化而言，一般假定 n 为1.0。在 $T = 20$℃下，对"气/（清洁）水"体系来说，臭氧和氧的扩散系数都是有效的。

在文献中可以找到不同的 $D(O_3)$ 和 $D(O_2)$ 值，由于扩散系数不同造成扩散系数因子变化范围很大。例如，由于采用理论推导得到的不同臭氧的扩散系数（Wilke 和 Chang，（1995）或 Schcibel，（1958）（Reid 引用，1997）），即使使用相同的 $D(O_2)$ 值，得到的扩散系数因子的差别也非常大（分别为0.864和0.899），因而得到的 $k_L a(O_3)$ 值也不同。

基于上述考虑，在可能的条件下最好用臭氧进行传质测定。应当用同样的水或废水，在同样的运行参数范围内进行测定，如有可能，氧化反应在后期进行。然而，臭氧和羟基自由基的反应会使情况复杂化。pH值高会造成臭氧分解速率升高，从而产生高活性的羟基自由基,这反过来又改变了水的成分。因此在测定中,考虑到这些变化非常重要。遗憾的是,即使在清水中,高 pH 值也会影响臭氧传质过程的测定。由于臭氧发生分解,液体中稳定态臭氧浓度并不等于根据亨利定律和 c_{G_0} 得到的 c_L^* (Sotelo, 1989)。

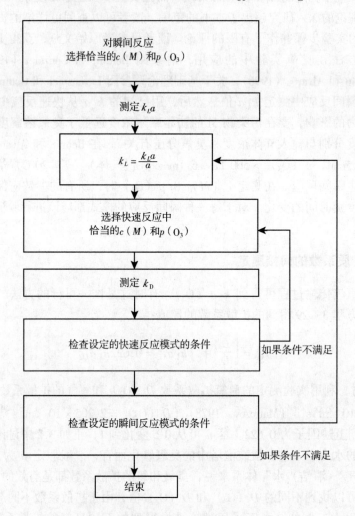

图 3-6 通过臭氧与有机化合物的快速反应测定 $k_L a$ 和 k_D 实验程序

此外,当存在易被分子态臭氧氧化的有机物质的时候,几乎不可能用臭氧来测定 $k_L a$。测定中会发生传质增强作用,无法测定仅以物理过程为基础的传质系数。在这种情况下,可测定氧气的传质系数 $k_L a$ (O_2) 来评估没有发生反应的传质系数。应该分别考虑由于反应引起的传质增强,因为它不仅仅取决于方程 3-10 所列出的参数,还取决于反应物的浓度。

参考文献

ASCE Standard (1991) Measurcment of oxygen transfer in clean water. American Society of Civil Engineers. New York

Beltran F J, Gonzales M (1991) Ozonation of Aqueous Solutions of Resorchinol and Phloroglucinol 3. Instantaneous Kinetic Study, Industrial Engineering and Chemical Research 30: 2518 – 2522

Beltrán F J, Gomez V, Duran A (1992a) Degradation of 4 – Nitrophenol by Ozonation in Water. Water Research 26: 9 – 17

Beltrán F J, Encinar J M. Garcia – Araya J F (1992b) Absorption Kinetics of Ozone in Aqueous of Cresol Solutions. Canadian Journal of Chemical Engineering 70: 141 – 147

Beltrán F J, Encinar J M. Garcia – Araya J F, Alonso M A (1992c): Kinetic Study of the Ozonation of Some Industrial Wastewaters. Ozone Science & Engineering 14: 303 – 327

Beltrán F J, Encinar J M. Garcia – Araya J F (1993) Oxidation by Ozone and Chlorine Dioxide of Two Distillery Wastewater Contaminants: Gallic Acid and Epicateehin. Water Research. 27: 1023 – 1032

Beltrán F J, Encinar J M. Garcia – Araya J F (1995) Modelling Industrial Wastewaters Ozonation in Bubble Contactors: Scale up from Bench to Pilot Plant. In: Proceedings. 12th Ozone World Congress. May 15 18, 1995. International Ozone Sssociation. Lille. France. Vol 1: 369 – 380

Beltrán F J, Alvarez P (1996) Rate Constant Determination of Ozone Organic Fast Reactions in Water Using an Agitated Cell. Journal Environmental Science & Health. A 31: 1159 – 1178

Baillod C R M, Paulson W L, MeKeown J J, Campbell J Jr (1986) Accuracy and precision of plant scale and shop clean water oxygen transfer tests, Journal Water Pollution Control Federation 58: 290 – 299

Brown L C, Baillod C R (1982) Modelling and interpreting oxygen transfer data. Journal Environmental Engineering Divison, ASCE 108 (4): 607 – 628

Baxton G V, Greenstock C L, Helman W P. Ross A B (1988) Critical review of rate constants for reactions of hydrated electrons, hydrogen atoms and hydroxyl radicals (OH/O) in aqueous solutions. Journal of Physical Chemistry Reference Data 17: 513 – 886

Chapman C M, Gilibaro L G, Nienow A W (1982) a dynamic response technique for the estimation of gas liquid mass transfer coefficients in a stirred vessel. Chemical Engineering Science 37: 1891 – 1896

Charpentier J C (1981) Mass – Transfer Rates in Gas – Liquid Absorbers and Reactors. Advances in Chemical Engineering. 11: 3 – 133, Academic Press New York

Danckwerts P V (1951) Significance of liquid – film coefficient in gas absorption. Industrial Engineering Chemistry 43: 1460 – 1467

Danckwerts P V (1970) Gas Liquid Reactions, McGraw – Hill New York

Dang N D P, Karrer D A, Dunn I J (1977) Biotechnology & Bioengineering 19: 853

Dobbins W E (1964) Mechanism of gas absorption by turbulent liquids, Proceedings of the International

Conference Water Pollution Research, London, Pergamon Press, London, 61 – 76

Drogaris G and P Weiland (1983) Coalescence behavior of gas bubbles in aqueous solutions of n – alcojols and fatty acids, Chemical Engineering Science 38: 1501 – 1506

Dudley J (1995) Mass transfer in bubble columns: a comparison of correlations, Water Research 29: 1129 – 1138

DVGW (1987) Ozone in der Wasseraufbereitung – Begriffe, Reaktionen, Anwendungsmoglichkeiten, Wasserversorgung, Wasseraufbereitung – Technische Mitteilung Merkblatt W 225, DVGW – Regelwerk

Eckenfelder W W and D L Ford (1968) New concepts in oxygen transfer and aeration, Advances in Water Quality Improvements, Ed. by Gloyna, E. F. and W. W. Eckenfelder, Univ. of Texas Press, 215 – 236

Gurol M D, Nekouinaini S (1984) Kinetic Behavior of Ozone in Aqueous Solutions of Substituted Phenols, Industrial Engineering Chemical Fundaments 23: 54 – 60

Gurol M D, Nekouinaini S (1985) Effect of organic substances on mass transfer in bubble aeration, Joural Water Pollution Control Federation 57: 235 – 240

Gurol M D, Singer P C (1983) Dynamics of the Ozonation of Phenol – II Mathematical Model, Water Research 16: 1173 – 1181

Gurol M D, Singer P D (1982) Kinetics of the ozone decomposition: a dynamic approach. Environmental Science & Technology 16: 377 – 383

Higbie R (1935) The rate of absorption of a pure gas into a still liquid during short periodies of exposure, Transactions of the American Institute of Chemical Engineers 31: 365 – 388

Hoigne J, Bader J (1983 b) Rate Constants of Reactions of Ozone with Organic and Inorganic Compounds in Water – II Dissociating Organic Compounds, Water Research 17: 184 – 195

Hoigne J, Bader J, Haag W R, Staehelin J (1985) rate constants of Reactions of Ozone with Organic and Inorganic Compounds in Water – III Inorganic Compounds and Radicals Water Research 17: 173 – 183

Hwang H J, Stenstrom M K (1979) Effects of surface active agents on oxygen transfer, water Resources Program Report 79 – 2, University of California Los Angeles

Hwang H J (1983) Comprehensive studies of oxygen transfer under non – ideal conditions, dissertation University of California Los Angeles

Huang W H, Chang C Y, Chiu C Y, Lee S J, Yu Y H, Liou H T, Ku Y, Chen J N (1998) A refined model for ozone mass transfer in a bubble column, Journal environmental Science & Health A 33: 441 – 460

Khudenko B M, Garcia – Pastrana A (1987) Temperature influence on absorption and stripping processes, Water Science & Technology 19: 877 – 888

Kosak – Channing L F, helz G R (1983) Solubility of ozone in aqueous solutions of 0 – 0.6 M ionic strength at 5 – 30℃, Environmental Science and Technology 17: 145 – 149

Ku Y, Chang J-L, Shen Y-S, Lin S Y (1998) Decomposition of Diazinon in aqueous solution by Ozonation, Water Research 32: 1957-1963

Levenspiel O (1972) Chemical reaction engineering. John Wiley & Sons, New York

Levenspiel O, Godfrey J H (1974) A Gradientless Contactor for Experimental Study of Interphase Mass Transfer With/Without Reaction, Chemical Engineering Science 29: 1123-1130 (1974)

Lewis W K, Whitman W G (1924) Principles of Gas Absorption, Industrial & Engineering Chemistry 16: 1215-1219

Libra J A (1993) Stripping of Organic Compounds in an Aerated Stirred Tank reactor Forstschritt-Berichte, VDI Reihe 15: Umwelttechnik Nr: 102, VDI-Verlag Kusseldorf (Germany)

Lin S H and Peng C F (1997) Performance Characteristics of a packed-bed ozone contactor, Journal Environmental science & Health A 32: 929-941

Linek V, Vacek V, Benes P (1987) A critical review and experimental verification of the correct use of the dynamic method for the determination of oxygen transfer in aerated vessels to water electrolyte solutions and viscous liquids, The Chemical Engineering Journal 34: 11-34

Mancy K H, Okun D A (1960) Effects of surface active agents on bubble aeration. Journal Wager Pollution Control Federation 32: 351-364

Masutani G K, Stenstrom M K (1991) Dynamic Surface tension effects on oxygen transfer, Journal of Environmental Engineering, Division ASCE 117 (1): 126-142

Matrozov V, Kachtunov S, stephanov S (1978) Experimental Determination of the Molecular Diffusion Journal of Applied Chemistry, USSR 49: 1251-1255

Metha Y M, George C E, Kuo C H, Kuo C H (1989) Mass Transfer and selectivity of Ozone reactions, The Canadian Journal of Chemical Engineering 67: 118-126

Morris J C (1988) The aqueous solubility of ozone - A review, Ozone News 1: 14-16

Osorio C (1985) Untersuchung des Einflusses der Flussigkeitseigenschaften auf den Stoffubergang Gas/flussigkeit mit der Hydrazin-Oxidation, Dissertation, University Dortmund 1-109

Philichi T L, Stenstrom M K (1989) The effects of dissolved oxygen probe lag on oxygen transfer parameter estimation, Journal Water Pollution Control Federation 61: 83-86

Redmon D, Boyle W C, Ewing L (1983) Oxygen Transfer Efficiency Measurements in Mixed Liquor Using Off-gas Techniques, Journal Water Pollution Control Federation 55: 1338-1347

Reid R C, Prausnitz J M, Sherwood T K (1977) The Properties of Gases and Liquids, 3th Ed, McGraw-Hill New York.

Sherwood T K, Pigford R L and Wilke C R (1975), Mass Transfer McGraw-Hill New York

Sotelo J L, Beltran F J, Benitez F J, Beltran-Heredia J (1989) Henry's Law Constant for the Ozone-Water System, Water Research 23: 1239-1246

Sotelo J L, Beltran F J, Gonzales M (1990) Ozonation of Aqueous Solutions of Resorchinol and Phloroglucinol 1 Stoichiometry and Absorption Kinetic Regime, Industrial Engineering Chemical Research 29: 2358 – 2367

Sotelo J L, Beltran F J, Gonzales M, Garcia – Araya J F (1991) Ozonation of Aqueous Solutions of Resorchinol and Phloroglucinol, 2 Kinetic Study, Industrial Engineering Chemical Research 30: 222 – 227

St – Denis C E, Fell C J (1971) Diffusivity of oxygen in water, Canadian Journal of Chemical Engineering 49: 885

Stenstrom M K and Gillbert R G (1981) Review paper: Effect of alpha, beta and theta factor upon the design specification and operation of aeration systems, Waster Research 15: 643 – 654

Stockinger H (1995) Removal of Biorefractory Pollutants in Wastewater by Combined Biotreatment – Ozonation, Dissertation ETH No. 11063, Zurich

Treybal R E (1968) Mass Transfer Operations, 2nd Ed. McGraw – Hill New York

Wagner M (1991) Einflu β oberflachenaktiver Substanzen auf Stoffaustauschmechanismen and Sauerstoff – eintrag. Dissertation, Schriftenreihe Instetut fur Wasserversorgung, Abwasserbeseitigung and Raumplanung der TH Darmstadt 53

Wilke C R, Chang P (1955) Correlation of Diffusion Coefficients in Dilute Solutions, American Institute of Chemical Engineering Journal 1: 264 – 270

Zlodarnid M (1979) Eignung and Leistungsfahigkeit von Volumenbeluftern fur biologische Abwasserreinigungsanlagen. Korrespondenz Abwasser, 27: 194 – 209

4 反应动力学

反应动力学描述反应的影响因素及反应速率。动力学参数,如反应级数 n 和反应速率常数 k,可帮助我们判断运用臭氧氧化处理水的可行性及设计合适的反应体系,也有助于我们了解化学反应是如何受到影响的,以便优化处理工艺。在科学模型中也有必要使用动力学参数,利用这些参数我们可以更好地理解正在研究的化学过程。

首先我们回顾一下动力学的基本概念(B4.1),详细地讨论反应级数(B4.2)和反应速率常数(B4.3),并着重讨论在臭氧氧化实际过程中如何确定这些参数。这为我们进行深入讨论奠定基础,以便确定哪种运行参数会影响反应速率以及如何产生影响(B4.4)。可通过当前一些出版物,尤其是那些侧重于分析常见的、似是而非反应趋势的出版物来解释上述影响。

4.1 背 景

对于给定的反应

$$\alpha A + \beta B + \gamma C = \delta D + \varepsilon E \tag{4-1}$$

其中 α、β、γ、δ、ε 是反应物 A、B、C 和产物 D、E 的化学计量系数。下列速率方程的微分表达式用来描述不挥发性的反应物 A 在一个理想的混合反应器中的反应速率:

$$\frac{dc(A)}{dt} = -kc(A)^{n_A} c(B)^{n_B} c(C)^{n_C} \tag{4-2}$$

$c(A)$,$c(B)$,$c(C)$:反应物 A,B,C 的浓度

k——反应速率常数;

n——相应化合物的反应级数。

每个反应物浓度的幂次方指数 n,为该反应物的反应级数。每个反应物的级数和称为反应的总级数。

$$n_\Sigma = n_A + n_B + n_C \tag{4-3}$$

n_A、n_B 和 n_C 是根据经验从实验结果确定的,它们不一定等于化学计量系数 α、β、

γ（见4-1）。在一个化学反应中，如果反应级数等于化学计量系数，该反应就叫做基元反应。例如：

$$1A + 1B = 1D \tag{4-4}$$

$$\frac{dc(A)}{dt} = -kc(A)^1 c(B)^1 \tag{4-5}$$

在非基元反应中，反应级数不等同于化学计量系数。虽然所观察到的只是一个单独的反应，但实际上发生了一系列的基元反应，中间产物的量可以忽略，而且是无法测定的。一个著名的实例是氢气和溴的反应。总的反应可以描述为：

$$H_2 + Br_2 \rightarrow 2HBr \tag{4-6}$$

其反应速率表达式为：

$$\frac{dc(HBr)}{dt} = \frac{2k_2 k_3 (k_1/k_5)^{0.5} c(H_2) c(Br_2)^{0.5}}{k_3 + k_4 c(HBr)/c(Br_2)} \tag{4-7}$$

下面发生链式反应，可解释这一非基元反应：

$Br_2 \rightarrow 2Br°$ $\qquad k_1$ $\qquad (4-8)$

$H_2 + Br° \rightarrow HBr + H°$ $\qquad k_2$ $\qquad (4-9)$

$H° + Br_2 \rightarrow HBr + Br°$ $\qquad k_3$ $\qquad (4-10)$

$H° + HBr \rightarrow H_2 + Br°$ $\qquad k_4$ $\qquad (4-11)$

$2Br° \rightarrow Br_2$ $\qquad k_5$ $\qquad (4-12)$

因为反应级数是速率方程的经验表达式，它不一定是整数。如果反应级数是分数，则该反应是非基元反应，不能提供反应的化学计量式。如果反应级数是整数，则该反应可能是，也可能不是基元反应。实际上常常不需要知道一个化学反应准确的化学计量式，甚至不需要知道所有化合物的反应级数。例如：如果要建立一个反应体系，化合物A可以通过与B、C反应去除，同时B、C在反应体系中应大量过剩以确保A的完全去除，就像在O_3/H_2O_2高级氧化过程中微量污染物的氧化一样。B、C的浓度可视为常数。只有A的浓度在变化，反应可视为假n_A^{th}级，方程4-2可以简化为：

$$r(A) = \frac{dc(A)}{dt} = -k'c(A)^{n_A} \tag{4-13}$$

k'：反应速率系数，当$n_A = 1$时，反应级数为假1级。

但反应速率常数也会变化。它会变成表观速率系数k'，这里B、C的浓度和反应级数与A的反应速率常数合并在一起了。虽然在文献中反应速率常常作为常数，但它与B、C的浓度有关。

通常对于 n^{th} 级反应，反应速率常数的量纲为：

(浓度)$^{1-n}$ (时间)$^{-1}$

在上例中如果 $n_A = 1$，则反应是假一级反应，速率常数的量纲是 (时间)$^{-1}$。

另一个重要的概念是反应半衰期 τ（有时称作 $t_{1/2}$），A 的浓度降到起始浓度 $c(A_0)$ 一半时所需要的时间。它与反应级数和反应速率常数的关系如下：

$$n \neq 1: \frac{dc(A)}{dt} = -k'c(A)^n \Rightarrow \tau = \frac{2^{n-1}-1}{k'(n-1)c(A)_0^{1-n}} \quad (4-14)$$

$$n = 1: \frac{dc(A)}{dt} = -k'c(A)^n \Rightarrow \tau = \frac{\ln 2}{k'} \quad (4-15)$$

对于 $n \neq 1$ 的反应，要知道半衰期是起始浓度 $c(A)_0$ 的函数很重要。已知反应级数和速率常数就可以计算半衰期。或者可以通过实验确定半衰期，用来计算其他参数。

4.2 反应级数

一般认为化合物的臭氧氧化是二级反应。这就意味着对氧化剂（O_3 或 $OH°$）和污染物 M 都是一级反应（Hoigne 和 Bader，1983a，b）。实验中测定污染物的反应级数要求液相中臭氧的浓度保持恒定。而测定动力学参数则要求反应速率不依赖传质速率。对于连续喷射半间歇式反应器中发生的慢反应来说，这些要求很容易达到。这样的反应体系在饮用水的臭氧氧化反应中比较常见。相反，传质的限制常常出现在废水的应用中。需要付出很大的精力才能确定不影响反应速率的传质运行条件。如果做不到这一点，必须使用比下面提到的方法更复杂的方法来测定反应级数。

必须留意在整个实验过程中，都要符合上述相应的要求。尤其在半间歇式反应器中进行废水的臭氧氧化时，随着污染物浓度的变化，反应模式可能会发生变化。在实验开始时，液相中通常检测不出溶解态的臭氧（$c_L \cong 0$）。污染物通常处于高浓度状态下，这能促使污染物与臭氧分子快速反应，在液膜内进行直接反应。反应速率受到传质速率的限制（见 B3.2），反应级数和速率常数取决于传质速率。随着半间歇式臭氧氧化反应的进行，污染物浓度降低，反应模式将从传质控制转向化学动力学控制。此时反应级数和速率常数就不再依赖于传质速率。

一个非常突出，但又有些模糊的实例是臭氧在清洁水中的分解过程反应级数的测定。对于臭氧分解反应，不同作者得到的反应级数差别很大，这表明反应级数的测定相当复杂（见表 4-1）。从化学的角度来看，这种自由基链反应（详见 A2）是 pH 值的重要函数，或者准确地说是氢氧根浓度的函数。反应级数不同的主要原因是臭氧分解涉及到一部分羟基自由基链反应，它类似于前面溴化物的反应，但更复杂。

反应级数和温度、pH 值的关系不明显，n 在 $1 \sim 2$ 之间变化。不同的反应条件，或缺少这些反应条件的详细资料,以及不同的分析方法等使得结果无法比较。Staehelin 和 Hoigné (1985) 对二级反应 ($n = 2$) 提出了一种可能的解释。因为在"清洁"水中臭氧不仅与氢氧离子反应,而且与陆续产生的羟基自由基反应(详见 A-2),其作用类似于促进剂,臭氧分解速率随着液相中臭氧浓度的平方而增加。Gottschalk (1997) 得到的结果支持了这一观点,她发现在去离子水中臭氧分解是二级反应,而相比之下在柏林的自来水(DOC:$4mg\ L^{-1}$,总无机碳:$4mmol\ L^{-1}$)中臭氧分解是一级反应。Staehelin 和 Hoigné (1982) 在复杂的系统中也观察到了一级反应。

在软化水的磷酸盐缓冲溶液中臭氧分解速率的反应级数的比较　　　　表 4-1

参考文献	温度 T (℃)	pH	n
Stumm, 1954[②]	0.2 – 19.8	7.6 – 10.4	1
Kilpairick 等, 1956[②]	25	0 – 6.8	1.5
		8 – 10	2
Rankas, 1962[①]	5 – 25	5.4 – 8.5	1.5
Hewes 和 Davis, 1971[②]	10 – 20	6	1.5 – 2
		8	1
Kou 等, 1977	15 – 35	2.2 – 11	1.5
Sullivan, 1979[①]	3.5 – 6.0	0.5 – 10	1
Gurol 和 Singer, 1982	20	2.2 – 9.5	2
Staehelin 和 Hoigné, 1982	20	8 – 10	1
Sotelo 等, 1987	10 – 40	2.5 – 9	1.5 – 2
Minchews 等, 1987		6.65	2
Grasso 和 Weber, 1989		5 – 9	1
Gottschalk, 1997	20	7	1 – 2

[①] 摘自 Gurol 和 Singer, 1982
[②] 摘自 Minchews, 1987

测定反应级数 n 的实验步骤

反应级数可以通过多种不同的方法测定。所有的方法都要求反应条件如温度、pH 值等维持恒定,中间产物不影响反应。下列最常运用的三种方法:

半衰期方法:设定反应物 A 的两种不同的起始浓度。测定反应物 A 随时间的减少。半衰期 $\tau = t_{1/2}$ 的定义为反应物 A 的浓度等于起始浓度一半所需的时间,即 $c(A) = c(A)_0/2$。反应级数由下列方程式计算(见图 4-1,a,b):

$$n = 1 - \frac{\lg\tau_1 - \lg\tau_2}{\lg c(A_1)_0 - \lg c(A_2)_0} \qquad (4-16)$$

起始反应速率法：在反应物 A 的两种不同的起始浓度下，测定反应物 A 的浓度随时间的减少。$t\to 0$ 时的反应速率通过曲线最陡部分的切线（该切线与 $t=0$ 的浓度 c_0 相交）和下列方程式计算（见图 4-1c）：

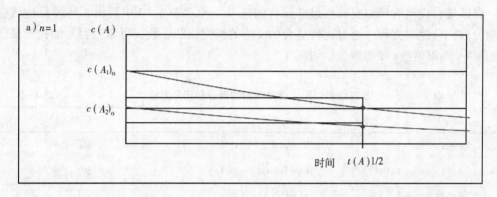

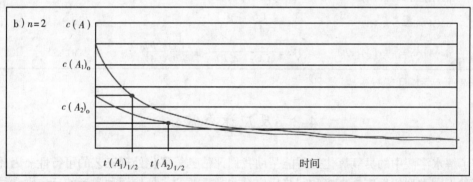

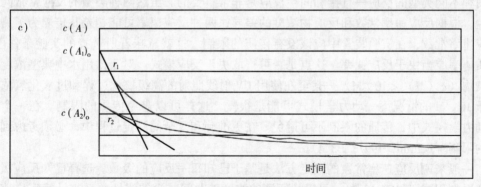

图 4-1　半衰期法（a 和 b）与起始反应速率法（c）

$$r(A)i = \frac{\Delta c(A)i}{\Delta t}, t \to 0 \qquad (4-17)$$

反应级数通过下式确定：

$$n = 1 - \frac{\lg r(A_1) - \lg r(A_2)}{\lg c(A_1)_0 - \lg c(A_2)_0} \qquad (4-18)$$

尝试法：应当选择与实验点最佳拟合的速率方程。表4-2中列出了各种反应级数的微分和积分速率方程。通过比较适合的 x 值的线性回归系数，可以很容易的找到最适合的 x-y 匹配值。x 轴通常表示时间 t。

反应级数以及浓度对时间的微分和积分方程式　　　　表4-2

n	微分方程	积分方程	k[①]的单位
0	$dc(A)/dt = -k$	$kt = c(A)_0 - c(A)$	Ms^{-1}
0.5	$dc(A)/dt = -kc(A)^{0.5}$	$kt = 2c(A)_0^{0.5} - c(A)^{0.5}$	$M^{0.5}s^{-1}$
1	$dc(A)/dt = -kc(A)$	$kt = \ln c(A)_0/c(A)$	s^{-1}
2	$dc(A)/dt = -kc(A)^2$	$kt = \frac{1}{c(A)} - \frac{1}{c(A)_0}$	$M^{-1}s^{-1}$
2	$dc(A)/dt = -kc(A)c(B)$	$kt = \frac{1}{c(A)_0 - c(B)_0} \cdot \ln \frac{c(A)c(B)_0}{c(B)c(A)_0}$	$M^{-1}s^{-1}$

①$M = molar = mol\ L^{-1}$

4.3　反应速率常数

　　了解水溶液中的臭氧氧化过程能帮助我们评估臭氧氧化处理工艺的可行性。因此区分两种不同类型的反应—直接和间接反应是非常重要的。虽然两种类型的反应常常同时发生，根据反应速率常数和反应物浓度的差异，两种反应速率可能相差几倍。为了测定反应速率常数，在实验装置中应该没有传质的限制。这就意味着所选择的实验条件下，传质速率应当快于反应速率。这点是否可行取决于反应模式。对于饮用水中典型浓度的污染物（$c(M) < 10^{-4}M$）—甚至在使用UV射线照射的高级氧化过程和过氧化氢浓度低于$10^{-3}M$的情况下—动力学模式可能是很慢，这样可以避免传质的限制。在一个快速动力学模式中，传质的限制不可避免。在更准确和复杂的测定过程中，必须考虑到传质的限制（Beltrán, 1997; B3.4）。

　　一般来说反应速率常数的测定方法是基于已知每一反应的级数。选择已知反应级数的合适方程式（见表4-2），可以从所测的浓度随时间减少的线性关系来计算反应速率常数（通常是斜率，见表4-2）。但是，因为很多反应非常复杂，并且常常同时发生，因此要考虑到很多实验参数。下面总结出一些最重要的参数。

直接反应速率常数的测定（k_D）

为了测定 k_D，必须抑制间接反应。一般通过加入可快速终止羟基自由基产生的物质来限制羟基自由基与目标物质的反应，这些物质不与臭氧分子反应或与臭氧分子反应非常慢。

这些方法包括：加入叔丁醇、降低 pH（即加入 H^+）、丙醇、甲基汞（pH > 4）或碳酸氢根（pH > 7）。为了避免臭氧与这些物质的直接反应，抑制剂的浓度必须尽可能低。要了解更详细的实验细节，请参见 Hoigné 和 Bader（1983a），Staehelin 和 Hoigné（1985），Andreozzi（1991）。

为了阻止间接反应，Beltrán 等（1994）发现有时很低的 pH 值，甚至在 pH 值为 2 时都是不够的。在 pH = 2，使用或不使用叔丁醇的条件下，通过比较阿特拉津与臭氧的反应速率，他们发现在叔丁醇存在下反应速率会降低。这表明即使在非常低的 pH 值下，仍然存在自由基反应。

必须注意到水环境的变化，例如抑止间接反应，不能改变直接反应速率。例如加入 TBA 可以改变传质速率（见 B3.2）。pH 值的变化也能影响可离解化合物的反应速率。Hoigné 和 Bader 测定了臭氧分子与不可离解（1983a）、可离解（1985）有机溶质以及无机物之间的直接反应速率。一般来说，由于臭氧分子的亲电子特性，处于离解状态下的化合物反应活性更高。

Yao 和 Haag（1991）测定了在 50mM 磷酸盐缓冲溶液和 10mM 的叔丁醇存在下去离子水中几种痕量污染物的直接臭氧氧化的动力学特征，得到了进一步的结果。

另一个要讨论的方面是在实验期间臭氧也会分解。在发生臭氧分解的体系内，为了获得恒定的臭氧浓度，反应器以半间歇式的形式运行。将气态的臭氧连续喷射到反应器内，臭氧浓度达到稳定状态后，将所研究的化合物注射入反应器。另一个可用的方法是单独测定臭氧分解速率，并在计算时考虑分解速率。

对于 k_D 相对较高的快速反应，例如接近 $10^4 M^{-1} s^{-1}$，最好能通过竞争动力学方法测定。Hoigné 和 Bader（1976）首先使用这种方法描述了一种均相体系，该体系中含有臭氧的流体迅速与含有污染物 M_1 和 M_2 的流体混合，连续检测两种污染物的消失过程（Hoigné 和 Bader，1979；Yao 和 Haag，1991）。如果已知其中一种物质的反应速率常数，如：M_1 的反应速率常数，它就可以作为一种参照化合物，另一种物质的速率常数则可以通过测定得到。假设在一个间歇式体系中，两种成分都以假一级常数反应，则未知的反应速率常数 k_{M_2} 可以根据以下公式计算：

$$k_{M_2} = \frac{\ln c(M_2)_t / c(M_2)_0}{\ln c(M_1)_t / c(M_1)_0} k_{M_1} \qquad (4-19)$$

该法可以广泛应用于直接和间接反应速率常数测定。

在非均相喷气间歇式系统中,使用该法的先决条件是反应不能按照瞬时模式进行(Beltrán 等,1993;Gurol 和 Nwkouinaini,1984)。通常用苯酚作参照化合物(M_1),得到的 k_D 值与 pH 和温度相关,在 pH = 2,$T = 22℃$ 时,$k_D = 1300 M^{-1}s^{-1}$(Hoigné 和 Bader,1979);在 pH = 4,$T = 25℃$ 时,$k_D = 10000 M^{-1}s^{-1}$(Li 等,1979)。

间接反应速率常数的测定(k_R)

Haag 和 Yao(1992)、Chramosta 等(1993)分别测定了羟基自由基与不同化合物反应的速率常数。在 Haag 和 Yao(1992)的研究中所有的羟基自由基反应速率常数都是用竞争动力学方法测定。测定的速率常数表明 OH° 对于 C – H 键而言是非选择性的自由基,但是与脂肪族多卤代化合物的反应活性较差。羟基自由基与烯烃和芳香化合物的反应速率几乎由扩散控制。表 4 – 3 给出了一些实例,比较了饮用水中重要微污染物直接反应(k_D)和间接反应(k_R)的速率常数。

一般来说,直接反应的反应速率常数在 1 到 $10^3 L\ mol^{-1}\ s^{-1}$ 之间,间接反应的反应速率常数在 10^8 到 $10^{10} L\ mol^{-1}\ s^{-1}$ 之间(Hoigné 和 Bader,1983a,b)。

已知饮用水中污染物(微污染物)的直接和间接反应速率常数
(Yao 和 Haag,1991、Haag 和 Yao,1992) 表 4 – 3

污染物	反应速率常数 $k_D(M^{-1}s^{-1})$	k_R
二溴甲烷	—	$0.4 \times 10^9 - 1.1 \times 10^9$
1,1,2 – 三氯乙烷	—	$0.13 \times 10^9 - 0.35 \times 10^9$
林丹	< 0.04	$4.2 \times 10^9 - 26 \times 10^9$
邻苯二甲酸盐	0.14 – 0.2	4×10^9
西玛津	4.8	2.8×10^9
阿特拉津	6 – 24	2.6×10^9
2,4 – D	2.4	5×10^9

反应速率的计算

因为化合物 M 的臭氧氧化包括直接和间接两种反应途径,必须对一般的速率方程 4 – 2 进行修正,以包括两种反应途径:

$$r(M) = -\frac{dc(M)}{dt} = k_D c(M) c(O_3) + k_R c(M) c(OH°) \quad (4-20)$$

式中 $c(M)$、$c(O_3)$、$c(OH°)$ 代表污染物、臭氧、羟基自由基的浓度,k_D、k_R 为直接反应和间接反应的反应速率常数。

如果知道直接反应和间接反应的反应速率常数及浓度，就可以计算总的反应速率。然而，很遗憾的是，用实验得到的一些数据，我们还不能区别直接臭氧反应和羟基自由基反应。了解每种反应途径各自的速率常数，对于预测竞争结果是有利的。在饮用水中，与间接臭氧氧化动力学相比，直接的臭氧氧化动力学通常可以忽略，而在废水中则没有明显的倾向性，两种反应途径可以同步发生。例如 4 – 硝基苯胺在 pH = 2，7 和 11（$T = 20℃$）时，发生的臭氧氧化反应就没有倾向性（Saupe，1997；Saupe 和 Wiesmann，1998）。

由于污染物浓度高和传质增强作用，一些化合物直接反应的假一级速率常数（系数）可能会与典型的羟基自由基速率常数（$k_R \geq 10^8 \ M^{-1}s^{-1}$）在同一数量级。例如，Sotelo 等人（1991）分别对离解的羟基酚进行了测定，间苯二酚和间苯三酚（pH = 8.5，$T = 20℃$）速率常数分别为 $6.35 \times 10^6 M^{-1}s^{-1}$ 和 $2.88 \times 10^6 M^{-1}s^{-1}$。

4.4　影响反应速率的参数

4.4.1　氧化剂的浓度

直接反应

对于有机化合物（M）与臭氧的所有直接反应，通常都假定为二级反应，反应速率取决于臭氧和有机化合物初始浓度。

一般来说，液相臭氧浓度的提高将引起底物氧化速率的增加（Prados 等，1995；Adams 和 Randtke，1992a；Bellamy 等，1991；Duguet 等，1990 a，b）。Gottschalk（1997）、Adams 和 Randtke（1992a）在氧化饮用水中阿特拉津的研究中发现，氧化速率和液相中臭氧浓度之间存在线性关系。

在特殊情况下，即测不出液相臭氧浓度，臭氧的传输速率等于反应速率（$E = 1$）时，臭氧在液相的投加速度可以当作可供给反应的臭氧量。Gottschalk（1997）得出了有机底物（阿特拉津）与臭氧投加量和吸收速率的相互关系。

间接或羟基自由基反应

我们同样可以观察臭氧参与的高级氧化过程中的羟基自由基反应。增加臭氧在液相的投加量将增加反应速率（UV/O_3：Beltrán 等，1994；Paillard，1987；Glaze 等，1982；H_2O_2/O_3：Gottschalk，1997；Bellamy 等，1991；Prados 等，1995；Aieta 等，1988）。为了能在高级氧化过程中进行很好的比较，次级氧化物的浓度必须是恒定的。此外，还有非常重要的两点是在液相中必须有足够的臭氧，以及反应不是由臭氧从气相进入液相的传质过程控制。

例如，在保持臭氧投加速率恒定的条件下，通过改变过氧化氢的投加速率，就可以研究氧化速率与氧化剂投加速率比值 $F(H_2O_2)/F(O_3)$ 的关系。一般最佳的投加量比，即氧化速率最快的氧化剂投加量比在 0.5 – 1.4（mol H_2O_2/ mol O_3）之间（Aieta 等，1988；Duguet 等，1990a；Glaze 和 Kang，1988；Paillard 等，1988；Gottschalk，1997）。最佳投加量比值不同是由于从臭氧和过氧化氢形成羟基自由基时化学计量值不同：

$$2O_3 + H_2O_2 \rightarrow 2OH° + 3O_2 \qquad (4-21)$$

根据这个反应，H_2O_2/O_3 的摩尔比一定为 0.5，质量比为 0.35。该比值在去离子水这样较"清洁的体系"中可以出现，例如浓度很低的缓冲溶液。在地下水和终止剂含量较高的水中，最佳投加量比值更高，这种情况下，其他化合物对于链反应也有影响。

下列几种因素可能影响化学计量比：

- H_2O_2 本身可作为自由基终止剂
- O_3 直接与 OH° 反应，消耗 O_3 和 OH°
- O_3 和 OH°可以被其他组分消耗（终止剂）

为了测定最佳投加量比，其中一种氧化剂的浓度要维持恒定，而改变另一种氧化剂的浓度。而且只有在没有传质的限制时，才能测定参数的影响。

4.4.2 温度

对于任何一个反应，速率常数都受温度的影响。速率常数可以用 Arrhenius 定律表示为：

$$k = A'\exp(-E_A/\mathscr{R}T) \qquad (4-22)$$

A'—频率因子；
E_A—活化能（J mol^{-1}）；
$\mathscr{R}$—理想气体定律常数（8.314 J mol^{-1} K^{-1}）；
T—温度（K）。

如果 Arrhenius 定律成立，$\ln k$ 对 T^{-1} 的函数将是直线；斜率为 $-E_A/\mathscr{R}$。测定臭氧氧化反应的活化能时，一定要注意：水温升高，臭氧的溶解度将降低。在不同温度下，应该使用同样的液相臭氧浓度，但在快速反应体系中这可能是个难题。如果简化速率常数与温度的关系，那么就可以说温度提高 10℃，反应速度增加一倍，即所谓的 van't Hoff 规则（Benefield 等，1982）。

4.4.3 pH值的影响

在臭氧链反应中我们已经了解了pH值的影响,尤其是在反应的引发阶段。在所有的酸碱平衡反应中,pH值通过影响酸碱的离解性和非离解性物质浓度的方式发挥重要的作用。当终止剂与无机碳反应时,pH值尤其重要,这一点将在B4.4.4中进一步讨论。

氢氧根离子可以催化臭氧的分解。在OH^-存在下,臭氧分解为$HO_2°/O_2°^-$。臭氧通过臭氧阴离子自由基$O_3°^-/HO_3°$,进一步分解形成$OH°$(见A图2-1)。它们可以与有机化合物、自由基终止剂(HCO_3^-,CO_3^{2-})或臭氧本身反应。

文献报道的微污染物氧化结果表明,在配制水中(含或不含缓冲剂的去离子水),提高pH值可增加反应速率(Adams,1990;Heil等,1991;Gilbert,1991)。Gottschalk(1997)发现反应速率和OH^-浓度成正比。在加入终止剂的去离子水中(Masten等,1993;Gottschalk,1997),最佳反应速率在pH=8。在pH=8以上时,增加OH^-浓度引起的正效应,将被碳酸盐的强烈抑制作用抵消。在抑制剂浓度高的情况下(>2-3mmol L^{-1}),将观察不到这种效应,这可以用在此浓度范围内终止剂保持恒定来解释(Gottschalk,1997)。

对于组合氧化过程,pH值的影响更复杂。实验结果表明,随着pH值增大,微污染物的反应速率将稳定地增长,而且在各种pH值下都有一个最佳值。

一方面,对于前面讨论的高级氧化过程,H_2O_2/HO_2^-的平衡作用非常重要,pH值升高,平衡将向HO_2^-转移。对于O_3/UV和O_3/H_2O_2高级氧化过程,这样会使溶液中的引发剂含量增大,从而导致溶液中$OH°$增多。对于UV组合过程,HO_2^-比H_2O_2吸收更多的254nm紫外线,而且引发剂的量也会增多(见A2)。另一方面,已知HO_2^-本身起到终止剂的作用,如果水中有无机碳存在,与HCO_3^-相比,CO_3^{2-}抑制能力进一步增强(见B4.4.4)。

4.4.4 无机碳的影响

无机碳作为羟基自由基的一种终止剂,也可以影响总反应速率,而臭氧本身并不与碳酸盐或重碳酸盐反应(Hoigné,1984)。$OH°$与无机碳的反应按照下列机理进行:

$$HCO_3^- + OH° \rightarrow H_2O + CO_3^-° \tag{4-23}$$

$$CO_3^{2-} + OH° \rightarrow OH^- + CO_3^-° \tag{4-24}$$

目前对于碳酸盐自由基与有机化合物的反应还了解不多,它们似乎是不反应的。但是,已发现碳酸盐自由基能与过氧化氢反应(Behar等,1970):

$$CO_3^-° + H_2O_2 \rightarrow HCO_3^- + HO_2° \qquad k=8\times10^5 M^{-1}s^{-1} \tag{4-25}$$

表4-4总结了无机碳反应的速率常数。两种反应的结果比较说明，碳酸盐是一种比重碳酸盐更强的终止剂。这表明，影响无机碳形态和浓度（pKa（HCO_3^-/CO_3^{2-}）= 10.3）的pH值，在决定无机碳对反应速率的影响中具有很重要的作用。

羟基自由基与无机碳的反应速率常数　　　　　　　　　　表4-4

参考文献	HCO_3^- k_R (L mol^{-1}s^{-1})	CO_3^{2-} k_R (L mol^{-1}s^{-1})
Hoigné 等，1976	1.5×10^7	20×10^7
Masten 和 Hoigné，1992		42×10^7
Buxon 等，1988	0.85×10^7	39×10^7

尽管与有机化合物与OH°的反应速率常数相比较（见表4-3），无机碳与OH°的反应速率常数相对较低，但是不可忽略，因为这种反应往往存在于相对较高浓度的饮用水中（Hoigné 和 Bader，1976；Gittschalk，1997）。

通过提高无机碳的浓度，即提高终止剂的浓度，有机目标化合物与OH°的反应速度会降低。另一方面，也减少了臭氧的分解。此时，有机底物的直接氧化就变得十分重要，因而总反应速率也会降低。很多文献都同样说明，在高级氧化过程中，通过提高无机碳浓度可以降低反应速率（参见 Hoigné 和 Bader，1977；Duguet 等，1989；Adams 和 Randtke，1992；Masten 和 Hoigné，1992；Legrini 等，1993；Gittschalk，1997）。

在无机碳浓度较低时，它对反应速率的影响相对较大。然而，在高于2mmol L^{-1}时进行臭氧氧化，或者在约3 mmol L^{-1}时进行臭氧/过氧化氢氧化时，可以忽略反应速率的降低（Gottschalk，1997）。Forni 等人（1982）发现在无机碳浓度为1.5mmolL^{-1}时臭氧氧化处于稳定的状态。

4.4.5　有机碳对自由基链反应机理的影响

有机碳可作为终止剂或促进剂发生反应。反应取决于有机碳的种类和浓度（Staehelin 和 Hoigné，1983；Glaze 和 Kang，1990；Xiong 和 Legube，1991）。由于目标化合物-微污染物中碳的浓度在微摩尔数量级，即使几个毫克的DOC，例如由腐殖酸引起的DOC，对于地下水和地表水处理过程中的间接反应也会产生很大的影响。

根据下列通用反应式，可产生初级有机自由基：

$$2R + 2OH° \rightarrow 2HR° + O_2 \quad (4-26)$$

在很多情况下，初级自由基与溶解氧迅速反应，并可以形成过氧化自由基，可进一步引发氧化过程。

$$HR° + O_2 \rightarrow HRO_2° \quad (4-27)$$

这个反应需要过量氧气（Legrini 等，1993）。在进一步的反应中存在三种不同的反应路径（Peyton 和 Glaze，1987）。

- 逆反应：

$$HRO_2° \rightarrow HR° + O_2 \qquad (4-28)$$

- 均裂：形成羟基自由基和羰基：

$$HRO_2° \rightarrow RO + OH° \qquad (4-29)$$

- 异裂：形成有机阳离子和过氧化阴离子自由基：

$$HRO_2° \rightarrow HR^+ + O_2°^- \qquad (4-30)$$

依据浓度不同，天然水体中的腐殖酸可以作为终止剂或促进剂反应（Xiong 和 Graham，1992；Masten 等，1993）。Xiong 和 Graham 发现阿特拉津在去离子水缓冲溶液中（$pH=7.5$，KH_2PO_4/Na_2HPO_4），最快的臭氧氧化发生在腐殖酸浓度为 $1mg\ L^{-1}$（大约 $0.5mg\ L^{-1}DOC$；Schulten 和 Schnitzler，1993）。腐殖酸的浓度越高，氧化速率越低。很多人研究了 OH° 对天然水体中 DOC 的氧化速率。表 4-5 列出了一些测定的反应速率常数。

天然水体中 OH° 与 DOC 反应的速率常数　　　　　表 4-5

参考文献	DOC k_R ($Lmg^{-1}s^{-1}$)
Liao 等，1995	1.6×10^4
Novell 等，1992	1.7×10^4
Haag 等，1992	2.3×10^4
De Laat 等，1995	2.5×10^4
Kelly，1992	10^5

与其他有机化合物比较表明，天然水体中有机物的反应性相对较低（见表 4-3）。然而，在氧化过程中，用于表征有机碳的参数，即化合物的浓度、DOC、COD，随着不同的反应速率而降低。例如，对于一种有机化合物，第一步氧化通常会降低其浓度和 COD 的浓度，但 DOC 并不降低。第一步中通常加入氧气，因此会改变化合物结构，降低其 COD，但是并没有矿化有机物，即没有减少 DOC。当使用反应速率常数设计反应体系时，了解这一点是很重要的。如果处理目标是矿化有机物，而不是仅仅转化有机碳，那么使母体化合物消失或 COD 降低是不够的。

参考文献

Adams C D, Randtke S J, Thurmann E M, Hulsey R A (1990) Occurrence and Treatment of Atrazine and its Degradation Products in Drinking Water, Proceedings of the Annual Conference of American Water Works Association, 18th – 21st June, Cincinnati, Ohio, USA, 871 – 885.

Adams C D, Randtke S J (1992 a) Ozonation Byproducts of Atrazine in Synthetic and Natural Waters, Environmental Science & Technology 26: 2218 – 2227.

Adams C D, Randtke S J (1992 b) Removal of Atrazine from Drinking Water by Ozonation, Journal of American Water Works Association 84: 91 – 102.

Aieta, E M, Reagan K M, Lang J S, Mc Reynolds L, Kang J – K, Glaze W H (1998) Advanced Oxidation Processes for Treatment of Groundwater Contaminated with TCE and PCE, American Water Works Association 5: 64 – 72.

Andreozzi R, Caprio V, D'Amore M G, Insola A, Tufano V (1991) Analysis of Complex Reaction Networks in Gas – Liquid Systems, The Ozonation of 2 – Hydroxypyridine in Aqueous Solutions, Industrial Engineering and Chemical Research 30: 2098 – 2104.

Behar D, Czapski G, Duchovny I (1970) Carbonate Radical in Flash Photolysis and Pulse Radialysis of Aqueous Carbonate Solutions, Journal of Physical Chemistry 74: 2206 – 2210.

Bellamy W D, Hickman T, Mueller P A, Ziemba N (1991) Treatment of VOC – contaminated groundwater by hydrogen peroxide and ozone oxidation, Research Journal Water Pollution Control Federation 63: 120 – 127.

Beltrán F J, Encinar J M, García – Araya J F (1993) Oxidation by Ozone and Chlorine Dioxide of Two Distillery Wastewater Contaminants: Gallic Acid and Epicatechin, Water Research 27: 1023 – 1032.

Beltrán F J, García – Araya J F, Acedo B (1994) Advanced Oxidation of Atrazine in Water – I. Ozonation, Water Research 28: 2153 – 2164.

Beltrán F J (1997) Theoretical aspects of the kinetics of competitive first order reactions of ozone in the O_3/H_2O_2 and O_3/UV oxidation processes, Ozone Science & Engineering 19: 13 – 37.

Buxton G V, Greenstock C L, Helman W P, Ross A B (1998) Critical review of rate constants for reactions of hydrated electrons, hydrogen atoms and hydroxyl radicals ($°OH/°O^-$) in aqueous solutions, Journal of Physical Chemistry Reference Data 17: 513 – 886.

Chramosta N, De Laat J, Doré M, Suty H, Pouilot M (1993) Étude de la Dégradation de Triazine par O_3/H_2O_2 et O_3 Cinétique et sous produit d'Oxydation, Water Supply 11: 177 – 185.

De Laat J, Tace E, Doré M (1994) Etude de l'Oxydation de Chloroethanes en Milieu Aqueux Dilue par H_2O_2/UV, Water Research 28: 2507 – 2519.

De Laat J, Berger P, Poinot T, Karpel Vel Leitner N, Doré M (1995) Modeling the Oxidation of Organic

Compounds by H_2O_2/UV. Estimation of Kinetic Parameters, Proceedings of the 12th Ozone World Congress, Lille, France, 373 – 384.

Duguet J P, Bruchet A, Mallevialle J (1989) Geosmin and 2 – Methylisoborneol Removal Using Ozone or Ozone/Hydrogen Peroxide Coupling, Ozone in Water Treatment, Proceedings of the 9th Ozone World Congress, 1: 709 – 719.

Duguet J P, Bruchet A, Malleialle J (1990 a) Application of Combined Ozone – Hydrogen Peroxide for the Removal of Aromatic Compounds from a Groundwater, Ozone Science & Engineering 12: 281 – 294.

Duguet J P, Bernazeau F, Malleialle J (1990 b) Research Note: Removal of Atrazine by Ozone and Ozone – Hydrogen Peroxide Combination in Surface water, Ozone Science & Engineering 12: 195 – 197.

Forni L, Bahnemann D, Hart E J (1982) Mechanism of the Hydroxide Ion Initiated Decomposition of Ozone in Aqueous Solution, Journal of Physical Chemistry 86: 255 – 259.

Gilbert E (1991) Kombination von Ozon/Wasserstoffperoxid zur Elimination von Chloressigsäure, Vom Wasser 77: 263 – 275.

Glaze W H, Kang J – W, Chapin D H (1987) The Chemistry of Water Treatment Processes involving Ozone, Hydrogen Peroxide and Ultraviolet Radiation, Ozone Science & Engineering 9: 335 – 352.

Glaze W H, Kang J – W (1988) Advanced Oxidation Processes for Treating Groundwater Contaminated with TCE and PCE, Journal of American Water Works Association 5: 57 – 63.

Glaze W H, Schep R, Chauncey W, Ruth E C, Zarnoch J J, Aieta E M, Tate C H, Mc Guire M J (1990) Evaluating Oxidants for the Removal of Model Taste and Odor Compounds from a Municipal Water Supply, Jounal of American Water Works Association 5: 79 – 83.

Grasso D, Weber W J (1989) Mathematical Interpretation of Aqueous – Phase Ozone decomposition Rates, Journal of Environmental Engineering 115: 541 – 559.

Gottschalk C (1997) Oxidation organischer Mikroverunreinigungen in natürlichen und synthetischen Wässern mit Ozon und Ozon/Wasserstoffperoxid, Dissertation, TU – Berlin, Shaker Verlag, Aachen.

Gurol M D, Singer P S (1982) Kinetic of Ozone Decomposition: a Dynamic Approach, Environmental Science and Technology 16: 337 – 383.

Gurol M D, Nekouinaini S (1984) Kinetic Behavior of Ozone in Aqueous Solutions of Substituted Phenols, Industrial Engineering Chemical Fundamentals 23: 54 – 60.

Haag W R, Yao C C D (19920 Rate Constants for Reaction of Hydroxyl Radicals with Several Drinking Water Contaminants, Environmental Science &Technology 10: 337 – 386.

Heil C, Schullerer S, Brauch H – J (1991) Untersuchung zur oxidativen Behandlung PBSM – haltiger Wässer mit Ozon, Vom Wasser 77: 47 – 55.

Hoigné J, Bader H (1976) Ozonation of Water: Role of Hydroxyl Radical Reactions in Ozonation Processes in Aqueous Solutions, Water Research 10: 337 – 386.

Hoigné J, Bader H (1977) Beeinflussung der Oxidationswirkung von Ozon und OH – Radikalen durch Carbonat, Vom Wasser 48: 283 – 304.

Hoigné J, Bader H (1979) Ozonation of Water: Oxidation Competition Values of Different Types of Waters Used in Switzerland, Ozone Science & Engineering 1: 357 – 372.

Hoigné J, Bader H (1983 a) Rate Constants of Reactions of Ozone with Organic and Inorganic Compounds in Water – I. Non Dissociated Organic Compounds, Water Research 17: 173 – 183.

Hoigné J, Bader H (1983 b) Rate Constants of Reactions of Ozone with Organic and Inorganic Compounds in Water – II. Dissociated Organic Compounds, Water Research 17: 184 – 195.

Hoigné J, Bader H, Haag W R, Staehelin J (1985) Rate Constants of Reactions of Ozone with Organic and Inorganic Compounds in Water – III. Inorganic Compounds and Radicals, Water Research 19: 993 – 1004.

Kelly K E (1992) Investigation of Ozone Induced PCE Decomposition in Natural Waters – Department of Environmental Sciences & Engineering, University of North Carolina, Chapel Hill, NC.

Kuo C H, Li K Y, Wen C P, Weeks J L Jr (1977) Absorption and Decomposition of Ozone in Aqueous Solutions, Water 73: 230 – 241.

Legrini O, Oliveros E, Braun A M (1993) Photochemical Processes for Water Treatment, Chemical reviews 93: 671 – 698.

Li K Y, Kuo C H, Weeks J L (1979) A Kinetic Study of Ozone – Phenol Reaction in Aqueous Solution, American Institute of Chemical Engineers Journal 25: 583 – 591.

Liao C – H, Gurol M D (1995) Chemical Oxidation by Photolytic decomposition of Hydrogen Peroxide, Environmental Science & Technology 29: 3007 – 3014.

Masschelein W, Denis M, Ledent R (1997) Spectrophotometric Determination of residual Hydrogen Peroxide, Water and Sewage Works 8; 69 – 72.

Masten S J, Hoigné J (1992) Comparison of Ozone and Hydroxyl Radical – Induced Oxidation of Chlorinated Hydrocarbons in Water, Ozone Science & Engineering 14: 197 – 214.

Masten S J, Galbraith M J, Davies S H R (1993) Oxidation of Trichlorobenzene Using Advanced Oxidation Processes, Ozone in Water and Wastewater Treatment, 11th Ozone world Congress, 20/45 – 20/49.

Minchew E P, Gould J P, Saunders F M (1987) Multistage Decomposition Kinetics of Ozone in Dilute Aqueous Solutions, Ozone Science & Engineering 9: 165 – 177.

Nowell L H, Hoigné J (1992) Photolysis of Aqueous Chlorine at Sunlight and Ultraviolet wavelength – I Degradation Rates, water Research 26: 593 – 598.

Nowell L H, Hoigné J (1992) Photolysis of Aqueous Chlorine at Sunlight and Ultraviolet wavelength – II Hydroxyl Radical Production, water Research 26: 599 – 605.

Peyton G R, Glaze W H (1987) Mechanism of photolytic ozonation – ACS Symposium – Series 327,

Washington DC 76 – 87.

Peyton G R, Glaze W H (1988) Destruction of Pollutants in Water with Ozone in Combination with Ultraviolet Radiation. 3. Photolysis of Aqueous Ozone, Environmental Science & Technology 22: 761 – 767.

Saupe A (1997) Sequentielle chemisch – biologische Behandlung von Modellabwässern mit 2, 4 – Dinitrotoluol, 4 – Nitroanilin und 2, 6 – Dimethylphenol unter Einsatz von Ozon. Fortschritt – Berichte, VDI Reihe 15 Nr. 189, Düsseldorf VDI – Verlag ISBN 3 – 18 – 3 – 18915 – 1.

Saupe A. Wiesmann U (1998): Ozonization of 2, 4 – dinitrotoluene and 4 – nitroaniline as well as improved dissolved organic carbon removal by sequential ozonization – biodegradation, Water Environment Research 70: 145 – 154.

Schulten H R, Schnitzler M (1993) A State – of – the – Art Structural Concept for Humic Substances, Naturwissenschaften 80: 23 – 30.

Sotelo J L, Beltrán F J, Benítez F J, Beltrán – Heredia J (1987) Ozone Decomposition in Water – Kinetic Study, Industrial Engineering and Chemical Research 26: 39 – 43.

Sotelo J L, Beltrán F J, Gonzales M, Garcia – Araya J F (1991) Ozonation of Aqueous Solutions of Resorchinol and Phloroglucinol. 2. Kinetic Study, Industrial Engineering and Chemical Research 30: 222 – 227.

Staehelin J, Hoigné J (1982) Decomposition of Ozone in Water: Rate of Initiation by Hydroxide Ions and Hydrogen Peroxide, Environmental Science & Technology 16: 676 – 681.

Staehelin J, Hoigné J (1983) Reaktionsmechanismus und Kinetik des Ozonzerfalls in Wasser in Gegenwart organischer Stoffe, Vom Wasser 61: 337 – 348.

Staehelin J, Hoigné J (1985) Decomposition of Ozone in Water in the Presence of Organic Solutes Acting as Promoters and Inhibitors of Radical Chain Reactions, Environmental Science & Technology 19: 1206 – 1213.

Tomiyasu H, Fukutomi H, Gordon G (1985) Kinetics and Mechanisms of Ozone Decomposition in Basic Aqueous Solutions, Inorganic Chemistry 24: 2962 – 2985.

Xiong F, Graham N J D (1992) Research Note: Removal of Atrazine through Ozonation in the Presence of Humic Substances, Ozone Science & Engineering 14: 283 – 301.

Xiong F, Legube B (1991) Enhancement of Radical Chain Reactions of Ozone in Water in the Presence of an aquatic Fulvic Acid, Ozone Science & Engineering 13: 349 – 361.

Yao C C D, Haag W R (1991) Rate Constants for Direct Reactions of Ozone with Several Drinking Water Contaminants, water Research 25: 761 – 773.

5　臭氧氧化过程模拟

动力学模型可用于处理厂的设计。有了动力学模型，就能够预测重要参数对氧化过程的影响。如果定量地了解动力学参数就可以计算反应体系的大小，所以模型是重要的研究工具，可以帮助我们理解所研究的系统。

一般来说，模型是一个概念图像的数学表达式。氧化剂、反应物的速率方程和质量平衡是进行数学描述的基本工具。正如 Levenspiel（1972）所指出的：一个好的工程模型，必须尽可能完全代表真实情况，同时没有太多复杂的数学问题。如果选择的模型与真实情况非常接近，但非常复杂，不能用于研究，那么这种模型就毫无用途。在很多情况下，不需要对于研究系统进行完整的理论描述，而且有时这往往是做不到的；我们需要通过实验计算参数，对理论模型进行调整，使之适合于实际观察到的结果，我们把这种模型称为半经验模型。

气态臭氧进入液相并发生反应，这一臭氧氧化过程包括物理和化学过程，在设计模型时我们必须考虑到这些过程。物理过程包括传质过程和反应体系的水力学性质，例如气相和液相的混合过程。在理想的情况下，化学过程包括臭氧与水中组分的所有直接或间接反应。当然，不能独立看待这些过程。例如，反应速度的加快能提高物料传质速度。

饮用水的臭氧氧化过程中的化学反应是大家都知道的，速率方程包括直接和间接反应速率方程，它们是建立描述这些过程数学模型的基础（见 B5.1）。模型的复杂性和用途有可能会有所不同。模型的主要任务是，在不同的水环境下，描述引发剂和终止剂对 $OH°$ 浓度的影响。人们采用了很多方法对饮用水的实验结果做了大量描述，但是描述并不完全（B5.2）。一般来说，废水本体环境非常复杂，我们并不了解所有的反应。因此在废水这个领域中，常常使用简化的模型，但当边界条件改变时，简化模型的有效性会受到限制（见 B5.3）。

在饮用水研究中常常忽略传质影响，也就是认定液相中臭氧（不考虑来自何处）可以满足液相本体的反应要求，这是实验的前提。有时这会使模型出现问题，即臭氧氧化过程仅仅是一个化学模型，但事实并非如此。相反，我们知道传质过程对于废水的臭氧氧化产生重要的影响，因此在废水臭氧氧化模型中传质过程是不能忽略的（见 B5.3 及 B3）。

实验室用的实验体系常常是充分混合的，对于液相尤其如此。在下面的讨论中将以此作为前提。这样可以简化模型中体系动力学的描述，但在由实验室结果放大到中试或工业装置时常常会忽略体系的动力学性质，因而产生不同的结果。因此用于放大的模型必须考虑到大型反应器的动力学过程,所以模型就更复杂。

5.1 臭氧氧化过程的化学模型

氧化过程包括可以同时发生的直接和间接反应。两种反应途径通常都能采用二级反应速率方程。因此模型化合物 M 的氧化可以描述为两种途径的总和:

$$-\frac{dc(M)}{dt} = [k_D c(O_3) + k_R c(OH°)] \cdot c(M) \quad (5-1)$$

M——模型化合物;
k_D——直接反应速率常数;
k_R——间接反应速率常数。

并假设:
- 臭氧和羟基自由基是污染物的主要氧化剂
- 污染物没有发生气提

通常反应方程式可以简化成假一级反应:

$$-\frac{dc(M)}{dt} = k'c(M) \quad (5-2)$$

式中 k'——反应速率常数,假一级反应。并且:

$$k' = k_D c(O_3) + k_R c(OH°) \quad (5-3)$$
$$\quad\quad\text{直接}\quad\quad\text{间接}$$

反应速率常数 k' 取决于直接 (k_D) 和间接 (k_R) 氧化反应速率常数以及 O_3 和 $OH°$ 浓度。但是,应假定它不随时间变化。

饮用水和废水处理过程常常使用假一级速率方程,但是两者原因完全不同。对于刚刚开始了解臭氧模型,尤其是将一个领域的知识应用到另外一个领域时,这一点颇令人迷惑。对这种差异我们简单地进行了总结,至于原因的讨论可以分别在饮用水和废水模型章节中找到。

在饮用水的臭氧氧化中假设:
- O_3 和 $OH°$ 的浓度处于稳定状态(Von Gunten,1995),中间体如 $O_2°^-$、$O_3°^-$、$HO_3°^-$ 和有机自由基也处于稳定状态(Peyton,1992)

- 间接反应非常重要
- 直接反应常常很少，可以忽略

在废水氧化过程中假设，传质常常是限制过程，因此
- 溶解臭氧的浓度常常为零，反应速率是传质系数的函数
- 直接反应非常重要
- 而间接反应常常很少，可以忽略

这就产生了两个完全不同的却让人感兴趣的方面。在饮用水应用中，需要确定 OH° 浓度的与水体环境函数关系的模型；而在废水应用中，需要一种将流体力学和传质过程对反应速率的影响考虑在内的模型。

5.2 饮用水氧化过程模型

在饮用水应用中，模型主要限于描述化学过程。在饮用水处理中应用的数学模型是以反应速率方程为基础来描述污染物的氧化过程，并结合反应体系的物料平衡，来计算作为水体环境函数的氧化剂浓度。正像上面提到的，反应速率通常简化成假一级反应，这是基于间接反应中臭氧和自由基浓度处于稳态。

假定直接反应中臭氧浓度处于稳态的条件是，与微污染物相比臭氧的浓度相对很大，这就意味着臭氧浓度随时间的变化可以忽略不计。几位作者的研究表明，由于 OH° 的浓度处于稳态，OH°与有机化合物的间接反应是假一级反应（Yao 和 Haag，1992；Von Gunten 等，1995）。实验中，可以进一步假定中间体 $O_2^{°-}$、$O_3^{°-}$、$HO_3^{°-}$ 和有机自由基的浓度也处于稳态（Peyton，1992）。

假一级反应速率常数是：

$$k' = k_D c\ (O_3)_{SS} + k_R c\ (OH°)_{SS} \tag{5-4}$$

SS 表示稳态（Steady-state）

臭氧的浓度相对来说容易测定，但羟基自由基的浓度必须计算。正是由于羟基自由基的浓度的缘故，提出了各种各样模型。在一定的引发剂和终止剂的条件下，水环境会影响羟基自由基的浓度。根据引发和终止反应中可得到的动力学资料的多少，可以建立复杂程度不同的 OH°浓度模型。

下面几节提供了各种不同类型的模型实例，可以计算 OH°的浓度。第一个实例说明了利用速率方程式、实验数据和文献数据，计算 OH°的浓度的方法。下面根据已知的重要反应机理提出了通用的模型，随后提出了复杂程度不同的模型。在如何进一步选择合

适的模型方面，Peyton（1992）在他的讨论中给我们提供了很多帮助。他在"高级氧化过程化学模型的选择指南"一书中对复杂程度不同的模型进行了全面评述，并对何时使用何种模型提出了建议。Glaze 等提供了进一步的实例来计算各种高级氧化过程中的 OH°浓度，包括臭氧氧化、臭氧/过氧化氢、过氧化氢/UV 等高级氧化过程。

5.2.1 以反应速率方程和实验数据为基础的模型

通过方程式 5–5，利用实验测定的反应速率常数 k' 可以计算 OH°的浓度：

$$c(\text{OH}°)_{SS} = \frac{k' - k_D (O_3)_{SS}}{k_R} \tag{5-5}$$

通过观察一个模型化合物随时间的减量，可以测定反应速率常数 k'（B4）。利用 k' 和文献中提供的 k_D、k_R 值，以及实验中测定的臭氧浓度，可以计算高级氧化过程中存在的 OH°浓度。如果间接反应占主导地位，直接反应（$k_D c(O_3)_{SS}$）这一项可以忽略。

利用得到的 OH°浓度可以预测在同样条件下其他化合物氧化反应的 k' 值。Von Gunten 等（1995）运用这种通用而简易的方法，计算了两级处理试验工厂中地表水在中性条件下臭氧氧化过程中的 OH°浓度。在一个模型中，以阿特拉津为模型化合物，假设臭氧的分解为一级反应，反应器内物质混合完全。以此模型为基础，能准确地预测实际水处理厂中溴化物氧化成溴酸盐的过程。溴酸盐是臭氧氧化含溴化物水体的消毒副产物（DBP），由于它在动物实验中的致癌作用而受到关注（见 A3）。

5.2.2 以反应机理为基础的模型

OH°稳态浓度的方程可以从反应机理和 O_3 体系中液相的物料平衡来推出。对 O_3/H_2O_2 系统也可以如此。表 5–1 总结了后面方程中所有重要的机理。

对于 O_3：

$$c(\text{OH}°)_{SS} = \frac{c(O_3)_{SS}\{2k_I \times 10^{\text{pH}-14} + \sum_{i=1}^{m} k_{Ii} c(I_i)\}}{k_R c(M) + \sum_{i=1}^{n} k_{Pi} c(P_i) + \sum_{i=1}^{o} k_{Si} c(S_i)} \tag{5-6}$$

对于 O_3/H_2O_2：

$$c(\text{OH}°)_{SS} = \frac{c(O_3)_{SS}\{2k_I \times 10^{\text{pH}-14} + 2k_9 \times 10^{\text{pH}-11.6} c(H_2O_2)_{SS} + \sum_{i=1}^{m} k_{Ii} c(I_i)\}}{k_R c(M) + \sum_{i=1}^{n} k_{Pi} c(P_i) + \sum_{i=1}^{o} k_{Si} c(S_i)} \tag{5-7}$$

上式中，分子含有所有的羟基自由基形成反应，所有引发反应都概括在（$\Sigma k_{Ii} c$

(I_i))。分母含有所有的消耗羟基自由基的反应。第二项包括所有的带中间体的反应($\Sigma k_{Pi} c (P_i)$),第三项包括所有带终止剂的反应($\Sigma k_{Si} c (S_i)$)。同样,臭氧和过氧化氢的稳态浓度可以从液相的物料平衡来计算。

引发剂项($\Sigma k_{Ii} c (I_i)$)和终止剂项($\Sigma k_{Pi} c (P_i)$)是最不确定的因素和最大的误差项。它们随水环境的变化而变化。总的来说,由于没有足够的动力学数据来使用这样一个复杂的模型,因此要进行各种简化。在下面的举例中说明了可供使用的各种方法。

由 OH^- 或 H_2O_2 引发的羟基自由基反应(间接) 表 5–1

反应	反应速率常数[①]
引发反应	
$O_3 + OH^- \rightarrow O_2^{\circ -} + HO_2^{\circ}$	$k_1 = 70 \ L \ mol^{-1} s^{-1}$
$H_2O_2 \leftrightarrow HO_2^- + H^+$	$pK_a = 11.8$
$HO_2^- + O_3 \rightarrow HO_2^{\circ} + O_3^{\circ -}$	$k_9 = 2.8 \times 10^6 \ L \ mol^{-1} s^{-1}$
$O_3 + I \rightarrow$ 产物	k_I
链反应	
$O_3 + O_2^{\circ -} \rightarrow O_3^{\circ} + O_2$	$k_2 = 1.6 \times 10^6 \ L \ mol^{-1} s^{-1}$
$HO_3^{\circ} \rightarrow OH^{\circ} + O_2$	$k_3 = 1.1 \times 10^5 \ s^{-1}$
$HO_4^{\circ} \rightarrow O_2 + HO_2$	$k_5 = 2.8 \times 10^4 \ s^{-1}$
$OH^{\circ} + O_3 \rightarrow HO_4^{\circ}$	$k_4 = 2.0 \times 10^9 \ L \ mol^{-1} s^{-1}$
终止反应	
$OH^{\circ} + HO_2^{\circ} \rightarrow O_2 + H_2O$	$k_6 = 3.7 \times 10^{10} \ L \ mol^{-1} s^{-1}$
$OH^{\circ} + HO_2^- \rightarrow HO_2^{\circ} + OH^-$	$k_{10} = 7.5 \times 10^9 \ L \ mol^{-1} s^{-1}$
$OH^{\circ} + H_2O_2 \rightarrow HO_2^{\circ} + H_2O$	$k_{11} = 2.7 \times 10^7 \ L \ mol^{-1} s^{-1}$
$OH^{\circ} + CO_3^{2-} \rightarrow OH^- + CO_3^{\circ -}$	$k_7 = 4.2 \times 10^8 \ L \ mol^{-1} s^{-1}$
$OH^{\circ} + HCO_3^- \rightarrow OH^- + HCO_3^{\circ}$	$k_8 = 1.5 \times 10^7 \ L \ mol^{-1} s^{-1}$
$HCO_3^- \leftrightarrow CO_3^{2-} + H^+$	$pK_a = 10.25$
$OH^{\circ} + HPO_4^{2-} \rightarrow OH^- + HPO_4^{\circ -}$	$k_{12} = 2.2 \times 10^6 \ L \ mol^{-1} s^{-1}$
$OH^{\circ} + H_2PO_4^- \rightarrow OH^- + H_2PO_4^{\circ}$	$k_{13} < 10^5 \ L \ mol^{-1} s^{-1}$
$H_2PO_4^- \leftrightarrow HPO_4^{2-} + H^+$	$pK_a = 7.2$
$OH^{\circ} + M \rightarrow$ 产物	k_R
$OH^{\circ} + S \rightarrow$ 产物	k_S
生成 OH° 净方程(计量值)	
$2O_3 + H_2O_2 \rightarrow 2OH^{\circ} + 3O_2$	
$2O_3 + OH^- + H^+ \rightarrow 2OH^{\circ} + 4O_2$	

[①] 取自文献中的反应速率常数。

5.2.3 以质量平衡为基础的半经验模型

在下面的第一个实例中，用半经验公式从臭氧的质量平衡可计算液相臭氧和羟基自由基的浓度（Laplanche等，1993）。对于鼓泡塔内发生的臭氧氧化反应，在加入或没有加入过氧化氢的情况下，他们设计了一个计算机程序来预测微污染物的去除过程。在此模型中要考虑的主要影响因素是 pH 值、TOC、245nm 处的 UV 吸光度（SAC_{254}）、无机碳、碱度和微污染物 M 的浓度。

$$c(OH°)_{SS} = \frac{c(O_3)_{SS}\{2k_I \times 10^{pH-14} + 3.16 \times 10^{-7} \times 10^{0.42pH} c(TOC) + 2k_9 \times 10^{pH-11.6} c(H_2O_2)\}}{k_R c(M) + c(HCO_3^-)(k_7 + k_8 \times 10^{pH-10.25})} \quad (5-8)$$

液相臭氧的稳态浓度可以通过质量平衡来计算，对臭氧分解项要用下列方程计算：

$$-\frac{dc(O_3)}{dt} = wc(O_3) \quad (5-9)$$

用下式计算 OH° 的浓度：

$$c(OH°) = f(c(O_3), pH, c(TOC), c(H_2O_2), SAC_{254}, c(M), c(HCO_3^-))$$

根据 56 种天然水体实验数据，推导出了下列半经验公式：

$$\lg w = -3.93 + 0.24 pH + 0.7537 \lg SAC_{254} + 1.08 \lg c(TOC) - 0.19 \lg(Alk) \quad (5-10)$$

$c(Alk)$：碱度（mg/L）：以 $CaCO_3$ 计。

该模型成功地用于文献中介绍的三种不同实验装置，在这些装置中使用了成分相似的自来水或原水进行臭氧氧化反应。在每一种情况下，得出的实验数据与计算数据的相关性非常好。

5.2.4 经验自由基引发速率

在下面的模型中，令 $(\Sigma k_{Ii} c(I_i))$ 项为零，以忽略所有的引发剂。实验结果表明引发剂项并不是可以忽略的。实验数据与羟基自由基引发速率 β 相吻合非常必要（Beltrán，1994a）。在不同条件下，例如在不同的臭氧分压、pH 值、温度、终止剂浓度下，在有或没有终止剂（碳酸盐、叔丁醇）存在下，Beltrán 等（1994a）研究了蒸馏水中阿特拉津的臭氧氧化过程。以上面提到的反应机理（表 5-1）及阿特拉津和臭氧的摩尔平衡为基础，就可以建立氧化过程模型。在第一个方法中他们忽略了引发剂，并假定阿特拉津的氧化项和反应中间体是不变化的。

$$k_R c(M) + \sum_{i=1}^{n} k_{pi} c(P_i) = k_R c(M)_0 \tag{5-11}$$

说明：
- 由于 OH° 和结构相似的中间体具有非选择性，阿特拉津和中间体的反应速率常数几乎与 OH° 的速率常数相同
- 矿化作用可以忽略，所有微污染物的质量平衡是恒定的

根据 5-4、5-6 及 5-11，对 OH° 浓度的计算值比较结果表明引发项是不能忽略的，简化的模型是不合适的。因此作者定义了包括所有可能的引发反应中羟基自由基的引发速率 β，它可以由实验和模型之间 OH° 浓度的差异来计算。

$$c(OH°) = \frac{c(O_3)_{SS} 2k_1 \times 10^{pH-14} + \beta}{k_R c(M)_0 + \sum k_{S_i} c(S_i)} \tag{5-12}$$

β：羟基自由基引发速率

终止剂 $\sum k_{S_i} c(S_i)$ 可由已知值计算。如果仅有碳酸盐存在，则按下式计算：

$$\sum_{i=1}^{2} k_{S_i} c(S_i) = k_9 c(HCO_3^-) + k_{10} c(CO_3^{2-}) \tag{5-13}$$

进一步假定所形成的碳酸盐自由基 $HCO_3°/CO_3°^-$ 不能促进自由基链反应。但要注意到，实际情况并不总是如此（详细资料见：Chen 和 Hoffmann，1975）。

OH° 的浓度按照下列函数计算：

$$c(OH°) = f(c(O_3)), pH, \beta, c(M), c(HCO_3^-))$$

有了这个校正项，阿特拉津浓度的计算准确度为 ±15%。由于 β 项没有规律，不可能进行全面的了解。只有在终止剂存在下，才能预测溶解臭氧浓度。由于臭氧可以与中间体直接反应，因此可以估计液相中臭氧的消耗量。

这种方法可以用于 O_3/UV 体系 (Beltrán 等，1994b)。在考虑到直接光解引起的臭氧分解项时，就可以扩展上述模型。而且模型可以预测实验观察到的氧化随时间的变化过程及液相中臭氧的浓度，准确度为 ±15%。在高级氧化过程中形成的过氧化氢的估算浓度非常高。一个可以解释的原因是，在模型中没有考虑到过氧化氢与羟基自由基反应，从而引起过氧化氢分解。

总之，Beltrán 等的模型使用 β 作为一个校正因子。没有用来计算 β 的实验数据，就不可能对过程进行预测的。

5.2.5 终止剂的选择经验

Glaze 和 Kang（1998，1998a，b）对发生在半间歇式反应器中 O_3/H_2O_2 体系高级氧化过程建立了模型。在模型中，没有考虑有机物含量很高的水环境，以及除了 OH^- 和 H_2O_2 以外的其他引发剂。实验中发现 HCO_3^-/CO_3^{2-} 的作用与模型预测一致。通过与碳酸盐的反应，一部分被消耗掉的羟基自由基会通过下列反应再生，反应如下：

$$CO_3^{\circ -} + H_2O_2 \rightarrow OH_2^\circ + HCO_3^- \qquad k_{14} = 8 \times 10^5 \ \text{L mol}^{-1}\text{s}^{-1} \qquad (5-14)$$

$$HCO_3^\circ + HO_2^- \rightarrow OH_2^\circ + HCO_3^- \qquad k_{14} = 4.3 \times 10^5 \ \text{L mol}^{-1}\text{s}^{-1} \qquad (5-15)$$

借助于选择性项 S_{PER}，与过氧化氢反应的这部分 $CO_3^{\circ -}$，作为参与反应的所有 $CO_3^{\circ -}$ 的一部分，也包括在模型内：

$$S_{PER} = \frac{k_{14} c(CO_3^{\circ -}) c(H_2O_2)}{k_{14} c(CO_3^{\circ -}) c(H_2O_2) + \sum_{j=1}^{n} k_j c(CO_3^{\circ -}) c(I_j)} \qquad (5-16)$$

S_{PER}：选择性项

这就是说，这些反应增加了 OH° 的稳态浓度。终止剂碳酸盐项数值减小一定是通过选择性项实现的。在模型中可以用下列表达式：

$$c(OH^\circ)_{SS} = \frac{c(O_3)_{SS} \{2k_1 \times 10^{pH-14} + 2k_9 \times 10^{pH-11.6} c(H_2O_2)_{SS}\}}{k_R c(M) + (1 - S_{PER}) \{(k_8 c(HCO_3^-) + k_7 c(CO_3^{2-})\}} \qquad (5-17)$$

因此，OH° 的浓度可以作为函数进行计算：

$$c(OH^\circ) = f(c(O_3)), pH, c(H_2O_2), c(M), c(HCO_3^-), S_{PER})$$

为了测定反应速率，Glaze 和 Kang 根据臭氧加入速率 $F(O_3)$ 和过氧化氢投加速率 $F(H_2O_2)$ 的关系，把 O_3/H_2O_2 体系分为三种情况：

模式 1：$F(O_3) > F(H_2O_2)$：可以测定液相中臭氧浓度，过氧化氢的消耗与投加速率相同

模式 2：$F(O_3) = 2F(H_2O_2)$：按照化学计量关系，2 摩尔 H_2O_2 与 1 摩尔 O_3 产生 2 摩尔 OH°

模式 3：$F(O_3) < F(H_2O_2)$：可以测定液相中过氧化氢浓度，臭氧的消耗速度与加入速率相同（$S_{PER} = 1$）

对每一种情况都可能要做出一定假设。详细的资料请参考原始文献（Glaze 和 Kang，1988，1989a）。

用含碳酸盐的蒸馏水可以验证模型。用四氯乙烯（PCE）作为微量物质，可以预测

它与OH°反应的速率常数（Glaze和kang，1989a）。在臭氧传质控制的模式3中，实验结果很好，而利用模式1和2得到的结果则很差。利用模式3，还可以计算过氧化氢的浓度，计算结果与实验值一致。

Sunder和Hempeln采用选择项S_{PER}的方法，在配制水中成功地模拟了臭氧和过氧化氢氧化低浓度三氯乙烯和四氯乙烯的过程（$c(M)_0 = 300 \sim 1300 \mu g \; L^{-1}$）。在此研究中，他们采用了新型的反应体系；氧化反应在管式反应器进行，气态臭氧的传质是在位于管式反应器前的接触器中进行，这样就形成了均相体系。由于两种模型化合物与分子臭氧的反应速度很慢（$k_D < 0.1 \; L \; mol^{-1}$），所以模型化合物的完全氧化是由$O_3/H_2O_2$产生的羟基自由基引起的。对于$S_{PER} = 0.2$的情况，实验结果几乎完全可以由模型模拟，而且$S_{PER}$不会因氧化剂初始浓度和pH值的变化有很大变化。

5.2.6 饮用水化学模型的总结

表5-2总结了讨论过的化学模型。

所讨论的化学模型一览表　　　　表5-2

作者/体系	水环境	促进剂	终止剂	特征	结果
Glaze和Kang O_3/H_2O_2	含碳酸盐的蒸馏水	OH^-，H_2O_2	HCO_3^-，CO_3^{2-}	S_{PER}：选择性	只有模式3结果好
Laplanche O_3/H_2O_2	自来水和原水	OH^-，H_2O_2	HCO_3^-，CO_3^{2-}，TOC	半经验公式	校正结果好
Beltrán O_3，O_3/UV	有/没有抑制剂的蒸馏水	OH^-，UV	HCO_3^-，CO_3^{2-}，叔丁醇	β：羟基自由基引发项	只能用β才可以预测
Sunde和Hempel O_3/H_2O_2	配制地下水	OH^-，H_2O_2	HCO_3^-，CO_3^{2-}	S_{PER}：选择性	$S_{PER} = 0.2$，相关性非常好

关于化学动力学模型，目前未解决的一个问题是含有有机物的水体中终止剂和引发剂的影响。有必要进行深入研究，解决大量的有机物促进引发过程或终止链反应的问题。在这种情况下，模型起到了更深入了解整个过程工具的作用。

5.2.7 包括物理过程的模型

在饮用水和地下水的臭氧氧化过程中建立的微污染物去除模型，是一个没有传质增强的过程，也就是说所有的反应毫无例外地在溶液中进行（从慢速到中速动力学模式，$E \leq 1$）（Marinas等，1993）。为了建立适用范围更广的模型，必须把快速反应和传质增强因素考虑在内，Huang等（1998）最近扩展了Marinas（1993）等提出的模型。借助质量平衡可以计算传质速率和最后溶液中臭氧的浓度。大部分模型是以假定液态完全混合为基础的。Marinas（1993）和Laplanche（1993）等提出了放大更复杂的水动力学体系的实例。他们对中试的鼓泡塔中臭氧（和羟基自由基）的残留浓度预测非常准确。我们已经指出，为了成功地建立体系的模型，所有相关反应及对应的速率常数必须是已知的。

5.3 废水氧化模拟

应用于废水的模型必须能够同时描述化学过程和物理过程。废水中污染物的浓度通常比饮用水中高得多，从而导致反应器中臭氧的消耗量很高。这反过来在反应体系中要求很高的传质速率。一种可能的结果是反应速率取决于传质速率，反之亦然。由此，反应体系的反应动力学原因可能会引起系统中的浓度梯度。因此，在这一领域的数学模型结合传质速率方程和混合过程，以描述污染物氧化过程的反应速率方程为基础。

首先要假定反应为近似假一级反应。这必须核查在反应器中实际发生的反应。在半间歇或非稳态氧化中，污染物和氧化剂浓度随时间变化。常见的情况是，反应初期臭氧与污染物反应很快，反应可能是传质控制的，在液膜中的直接反应占主导地位，而且在溶液本体中没有臭氧出现；随着污染物浓度的降低，反应速率降低，臭氧消耗量减少，导致溶解臭氧增加。常常产生对于臭氧反应活性很差的代谢物。如果引发或者增强自由基链反应，活性差的代谢物和溶解臭氧的增加有可能改变有机物的去除机理，从直接反应转变为间接反应（见A2）。这些变化在废水的研究中常常观察不到，可能是没有检测溶解性臭氧。

在稳态实验中，虽然所有的浓度维持恒定，但还是应该避免使用假一级反应的简化形式，或仅在一定条件下使用。要特别注意假一级反应速率常数 k' 也与氧化剂的浓度有关。例如，如果操作条件变化，溶解臭氧的稳态浓度和 k' 也会随着变化。OH°浓度也是如此。

参与间接反应的氧化剂浓度是水环境中无机碳和有机碳的函数。原则上，在饮用水处理中，它们可以通过体系的质量平衡进行计算。但污水中的有机物成分则更复杂，浓度也更高。通常我们并不知道一种化合物是起引发剂作用，还是终止剂作用，更不用说反应速率常数值了。因此，这种方法对废水应用是不可行的。但是，饮用水模型有助于理解可能产生的影响和趋势。

废水建模受资料不全或者模型过于复杂的困扰。废水模型大部分致力于定量描述传质的影响（例如 α 因子）、传质的相互作用以及（直接）反应速率等参数（例如，传质增强，B3）。对间接反应的影响因素通常概括在包含pH值的因子内。下列讨论列举了这些模型一些实例。

5.3.1 以反应机理和质量平衡为基础的化学和物理模型

在Stockinger（1995）的研究工作中可以找到非常好的模型，它以反应机理和质量平衡为基础模拟废水的臭氧氧化过程。在实验室鼓泡塔（$V_L = 2.4$ L）中，他将含 11 种硝基和氯代芳烃的化合物配制废水进行臭氧氧化。模型由溶液中污染物的直接和间接反应组成，并考虑了发生在臭氧和污染物液膜边界的反应。他们利用四个完全混合罐式反应器的分隔式模型用于气相研究。尽管他们使用了从文献中得到的 k_D 及 k_R 值，但是浓度的测量值和计算值并不完全相符。由于化学和流体力学模型十分复杂，计算机应用受到限制，因而模型使用的可能性也受到限制。

值得注意的是在下面两项研究中，废水臭氧氧化模型非常成功，测量值与计算值非常吻合。在每个实例中，最初只有一个模型有机化合物存在。在这两项研究中都发现，完全混合半间歇式反应器的 $k_L\alpha$ 值很大程度上取决于有机化合物的浓度，并且 $k_L\alpha$ 值对于氧化过程产生相当大的影响。为了估计和模拟 $k_L\alpha$ 值变化，可以用两种方法：

1. 罐式搅拌反应器中 2 - 羟基吡啶臭氧氧化的化学模型（$c(M)_0 = 0.85 \sim 5.15$ mmol L^{-1}，$n_{STR} = 380$ min^{-1}，Andreozzi 等，1983）包含了臭氧与初始化合物的直接反应机理和最重要的中间产物、臭氧分解和过氧化氢的作用。Tufano 等（1994）重新评估实验数据，对模型进行了改进，他们认为 $k_L\alpha$ 值会随着反应时间发生变化。随着反应时间的增加，2 - 羟基吡啶的浓度减少，从而改变了 $k_L\alpha$ 值。他们把 $k_L\alpha$ 值作为可调节的参数考虑在模型内。但是，他们并没有实际测定 $k_L\alpha$ 值的变化。

2. 在一个小型鼓泡塔中（$V_L = 0.5$L，洗气瓶），若考虑到苯酚（$c(M)_0 = 5 \sim 50$ mg L^{-1}）对传质速率的影响，就可以模拟苯酚的臭氧氧化过程（Gurol 和 Singer，1983）。苯酚可以与臭氧快速反应，随着浓度的变化，它对传质过程的影响也发生变化。苯酚浓度不同引起的 $k_L a(O_3)$ 值的变化可以间接地通过氧气传质实验进行评估（B3.3.3）。当使用合适的 $k_L a(O_3)$ 值时，这个模型可以很好地模拟苯酚的消除过程和三种中间体的变化过程。

由于大多数废水的复杂性，而且不知道氧化产物，因此可以采用综合参数，例如 COD 或 DOC 来定量确定处理过程的成功与否。Beltrán 等（1995）以综合参数为基础，描述了氧化过程的模型，这一模型包括了物理过程和化学过程。在化学模型中，对于臭氧与有机化合物的所有反应，COD 可以作为一个综合参数使用。物理模型包含了 Henry 定律常数、$k_L a$、传质增强（例如臭氧吸收的动力学模式的测定）以及反应器的水力学参数。他们采用两种复杂的工业废水（酿酒厂废水和西红柿加工厂废水），对实验结果和模型计算结果进行了比较。很遗憾的是，在鼓泡塔反应器的实验中 COD 的去除率很低：酿酒厂废水和西红柿加工厂废水的实验室去除率分别为 10% 和 35%，西红柿加工厂废水中试去除率也只有 5%。这种模型采用的方法令人关注，但要达到更高除去效率需要进一步的实验才能证实。而且，在如此复杂的水环境中，不加区别地将所有的反应置于一起的可行性也受到置疑。

5.3.2 经验模型

Whitlow 和 Roth（1988）及 Beltrán 等（1990）采用了经验的方法进行模拟。对于观察到的所有目标污染物的消除过程，该模型使用了通用的 n^{th} 级总反应速率定律，并将确定的总速率常数 k' 与"系统中可以测定参数"联系起来（Whitlow 和 Roth，1988）。因此臭氧与有机物的每个单独反应都综合在一起。通过改变 pH 值引起的臭氧分解也一并考虑在模型中。传质和传质增强的影响也与可以检测的实验参数相结合，如：臭氧投加速率（$Q_G c_{Go} V_L^{-1}$）和底物初始浓度 $c(M)_0$。这样通过多维线性回归方法计算的参数，仅仅代表各具体体系的边界条件，但是一般不能用于其他体系。

$$-\frac{dc(M)}{dt} = k'c(M)^n \tag{5-18}$$

5.3.3 总结

表 5-3 概括了废水建模方面中一些重要的研究工作。通过比较各个方法的"完善性"，读者可以了解在自己的研究中应该做哪些工作。由于模型的复杂性，推荐读者研究下列作者的工作：Gurol 和 Singer（1983）、Andreozzi 等（1991）、Stockinger（1995）、Tufano 等（1994）。

5.4 模型的最后评论

模型的实用性和可靠性常常被过高估计。它们通常只在小范围和一定条件下适用。使用一个模型前必须检查这些条件。应用饮用水处理模型时，间接反应对于氧化反应速率产生很大的影响，此时主要问题是测定 OH° 浓度。现在提出了多种简化模型，来描述终止剂和引发剂对复杂反应机理的影响。许多化合物，如无机碳和有机碳，可以起到终止剂或引发剂的作用，这使得建立通用模型更加困难。为了模拟这些化合物对氧化速率的影响，氧化速率常数是必不可少的。鉴于有机化合物的多样性，可以用综合参数 DOC 用来描述它们。上面报道的饮用水模型的结果表明所有的 DOC 都是不相同的，即使在饮用水中也不相同。而在污水处理应用中，复杂性使得利用单一参数计算 OH° 浓度几乎是不可能的，利用综合参数，如 DOC、COD 和 pH 来描述反应速率的模型的应用也受到严格的限制。

我们长期的目的是研究具有更广泛适用性的模型。对现有模型，必须进行检查、拓展，甚至丢弃。随着对模型了解的深入，会不断提出新的和扩展的模型，当然，多数情况下这会使复杂性增大。正如在导论中指出的，最重要的是模型可以用于实际过程。

表 5-3 废水臭氧氧化模型实例

过程	Chang 和 Chain, 1981	Whilo 和 Roth, 1988	Beltrán 等 1990	Andreozzi 等 1991	tufano 等 1994	Gurol 和 Singer 1983	Stockinger 1995	Beltrán 等 1995
废水类型	配制水	配制水、工业废水	配制水	配制水	配制水	配制水	配制水	配制水
污染物	甲醇	苯酚、CN^-、NH_4^+	甲酚	2-HPYR	2-HPYR	苯酚	硝基、氯代芳烃	A:酒厂废水 B:西红柿废水
反应器类型	BC	BC、STRs	STR	STR	STR	洗气瓶	BC	STR
液体混合	完全	完全	完全	完全	完全	完全	完全	完全
气体混合	活塞式流动	n.d.	n.d.	n.d.	n.d.	n.d.	在四部分完全	活塞式流动
k_La	测定	n.d.	测定	测定,用作参数	测定,模型	测定	测定	测定
模式	慢	n.d.	快	n.d.估计	中等	n.d.	除丁膜反应器模型外,未测定	A:中速到快速,B:慢速
E	$E \approx 1$	视 pH 而定	$E = 3$	$E \leqslant 1.5$	$E = 1.2 - 1.5$	α 因子!		
pH/T°C	9/25	2~12/15~30	2,7,8.5/10,20,30	5 + TBA/20	5 + TBA/20	3/20	2,12/20	A:8 - 8.5/17 B:7 - 7.5/18
n(污染物)	2nd	nth	nth	2nd	2nd	2nd	2nd	假 1st
n(臭氧分解)	1st	视 pH 而定	视 pH 而定	2nd	2nd	2nd	2nd	2nd
矿化	是	否	否	否	否	否	是	否
H_2O_2	否	否	否	是	是	否	是	否

(n.d. 表示未测定)

参考文献

Andreozzi R, Caprio V, D'Amore M G, Insola A, Tufano V (1991) Analysis of Complex Reaction Networks in Gas – Liquid Systems, The Ozonation of 2 – Hydroxypyridine in Aqueous Solutions, Industrial Engineering and Chemical Research 30: 2098 – 2104.

Beltrán F J, Encinar J M, Garcia – Araya J F (1990) Ozonation of o – Cresol in Aqueous Solutions, Water Research 24: 1309 – 1316.

Beltrán F J, García – Araya J F, Acedo B (1994 a) Advanced oxidation of atrazine in water – Ⅰ Ozonation, Water Research 28: 2153 – 2164.

Beltrán F J, García – Araya J F, Acedo B (1994 b) Advanced oxidation of atrazine in water – Ⅱ Ozonation combined with ultraviolet radiation, Water Research 28: 2165 – 2174.

Beltrán F J, Encinar J M, Garcia – Araya J F (1995) Modeling Industrial Wastewater Ozonation in Bubble Contactors: Scale – up from Bench to Pilot Plant In: Proceedings of the 12th Ozone World Congress, May 15 – 18, Vol. 1: 369 – 380, International Ozone Association Lille France.

Chang B – J, Chian E S K (1981) A model study of ozone – sparged vessels for the removal of organics from water, Water Research 15: 929 – 936.

Chen S, Hoffmann M Z (1975) Reactivity of the carbonate radical towards aromatic compounds in aqueous solutions, Journal of Physical Chemistry 79: 1911 – 1912.

Glaze W H, Kang J – W (1988) Advanced Oxidation Processes for Treatment of Groundwater with TCE and PCE: Laboratory Studies, Journal American Waterworks Association 5: 57 – 63.

Glaze W H, Kang J – W (1989 a) Advanced Oxidation Processes. Description of a kinetic Model for the Oxidation of Hazardous Materials in Aqueous media with Ozone and Hydrogen Peroxide in a semibatch Reactor, Industrial Engineering Chemical Research 28: 1573 – 1580.

Glaze W H, Kang J – W (1989 b) Advanced Oxidation Processes. Test of a kinetic Model for the Oxidation of Organic Compounds with Ozone and hydrogen Peroxide in a Semibatch Reactor, Industrial Engineering Chemical Research 28; 1581 – 1587.

Glaze W H, Beltrán F, Tuhkanen T, Kang J – W (1992) Chemical Models of Advanced Oxidation Processes, Water Pollution Research Journal Canada 27 (1): 23 – 24.

Gottschalk C (1997) Oxidation organischer Mikroverunreinigungen in natürlichen und synthetischen Wässern mit Ozon und Ozon/Wasserstoffperoxid, Thesis, Shaker Verlag Aachen.

Gurol M D, Singer P C (1983) Dynamics of the Ozonation of Phenol – Ⅱ, Mathematical Model, Water Research 16: 1173 – 1181.

Huang W H, Chang C Y, Chiu C Y, Lee S J, Yu Y H, Liou H T, Ku Y, Chen J N (1998) A refined model for ozone mass transfer in a bubble column, Journal Environmental Science & Health, A33: 441 – 460.

Laplanche A, Orta de Velasquez M T, Boisdon V, Martin N, Martin G (1993) Modelisation of Micropollutant Removal in Drinking water Treatment by Ozonation or Advanced Oxidation Processes (O_3/H_2O_2), Ozone in Water and Wastewater Treatment – Proceedings of the 11th Ozone World Congress San Francisco, 17 – 90.

Levenspiel O (1972) Chemical Reaction Engineering 2nd Edition, John Wiley & Sons, New York.

Marinas B J, Liang S and Aieta E M (1993) Modeling Hydrodynamics and Ozone Residual Distribution in a Pilot – Scale Ozone Bubble – Diffusor Contactor, Journal American Waterworks Association 85 (3): 90 – 99.

Peyton G R (1992) Guidelines for the selection of a Chemical Model for Advanced Oxidation Processes. Water Pollution, Research Journal Canada 27 (1): 43 – 56.

Staehelin J and Hoigné J (1983) Reaktionsmechanismus und Kinetik des Ozonzefalls in Wasser in Gegenwart organischer Stoffe, Vom Wasser, 61: 337 – 348.

Stockinger H (1995) Removal of Biorefractory Pollutants in Wastewater by Combined Ozonation – Biotreatment, Dissertation ETH No 11 063, Zürich.

Sunder M, Hempel D C (1996) Reaktionskinetische Beschreibung der Oxidation von Perchlorethylen mit Ozon und Wasserstoffperoxid in einem Rohrreaktor, Chemie Ingenieur Technik 68: 151 – 155.

Tufano V, Andreozzi R, Caprio V, D'Amore M G, Insola A (1994) Optimal Operating Conditions for Lab – Scale Ozonation Reactors, Ozone Science & Engineering 16: 181 – 195.

Von Gunten S, Hoigné J, Bruchet A (1995) Oxidation in Ozonation Processes. Application of Reaction Kinetics in Water Treatment, Proceedings of the 12th Ozone World Congress Lille France, 17 – 25.

Whitlow J E, Roth J A (1998) Heterogeneous Ozonation Kinetics of Pollutants in Wastewater, Environmental Progress 7: 52 – 57.

Yao C C D, Haag W R (1992) Rate constants for reaction of reaction of hydroxyl radicals with several drinking water contaminants, Environmental Science & Technology 26: 1005 – 1012.

6 臭氧在组合工艺中的运用

前面章节介绍了臭氧氧化过程的基础知识。正如在臭氧实际应用的讨论中（A3）所看到的，臭氧氧化几乎很少单独使用。臭氧与其他水处理过程结合通常能大幅度提高臭氧的效率/成本比；或者在现有的处理过程中加入臭氧氧化过程，可以增加处理效率，达到处理目标。组合过程的意义在于利用臭氧下面几个方面的能力：

- 消毒
- 氧化无机化合物
- 氧化有机化合物，包括去除味、臭、色
- 除去颗粒物

例如，臭氧应用于半导体工业时，处理过程包含上述四个方面的作用（B6.1）。臭氧在这四个方面发挥作用的部分原因是由产生的 $OH°$ 自由基引起的。组合过程，也就是高级氧化过程，代表了一种可选择的催化产生羟基自由基的过程，可以扩大臭氧处理化合物的范围（B6.2）。

在组合工艺中，常常有目的地在体系中引入第三相（固相或液相），从而促进固体表面的吸附、液体的吸收、生物降解等过程，有时是污染的原因，使第三相进入体系（土壤、切削油）。第三相对臭氧氧化过程（B6.3）会产生多种影响。很多难生物降解污染物的氧化产物是可生物降解的，因此可以将高级氧化过程与生物降解过程相结合。化学氧化与生物降解过程相结合，能减少氧化剂用量，降低运行费用（B6.4）。

6.1 在半导体工业中的应用

在过去几年中，人们对臭氧在半导体工业中应用的兴趣明显增加。臭氧在晶片的清洁过程中的应用得到了完全确定。这里利用了它在液相中氧化有机物和金属污染物的能力。现在正在研究开发它在固相中氧化无机物和有机物的新方法，例如硅的快速氧化（下图步骤1）和光刻胶的去除（步骤4）。另外一个用途是对去离子水消毒，保持水系统不受微生物污染。为了更好地了解如何使用臭氧，图6-1以流程图的形式简要说明了由晶片生产芯片的过程，半导体工业中这一过程的详细资料，请参阅 Gise（1998）和 Kern（1993）的文献。

生产流程

晶片是用纯硅制作的晶体薄片，可用于生产电子元件，例如集成电路（IC）。硅本身不导电，必须在它的基体上引入外加的离子（离子嵌入），才能使它具有导电性。在复杂的几何晶体上使晶体结构发生变化，才能达到理想的导电性。下面简要介绍了必要的生产步骤（图6-1）：

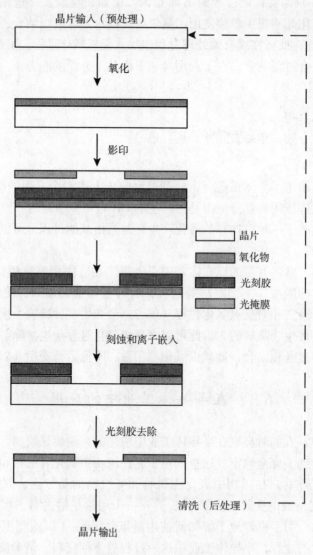

图6-1 工艺流程简图

1. 氧化

在硅晶片的表面产生一个氧化层（SiO_2）。这层氧化硅是表面上的一个绝缘层，它通常在含有氧气、水蒸气和其他氧化剂的气氛中形成（O_2、O_3、H_2O_2）。

2. 影印

在影印过程中，将能够产生需要的电特性的几何模式转移到晶片表面。

a) 晶片表面覆盖一层光刻胶的薄膜，可以将这种薄膜当作胶片使用，它的作用就像照相机中的胶卷。用掩膜在光刻胶上显影。通过光掩模，晶片暴露于可见光下，射线改变光刻胶的化学键，使它暴露部分的溶解性更好（正性光刻胶）。

b) 光刻胶显影后除去，正像停留在晶片上。

3. 蚀刻和离子嵌入

在这一步工艺中，用一种刻蚀剂（气体或液体）除去不被光刻胶保护的地方的二氧化硅。将离子注入到未保护的硅上。随着离子的嵌入，晶片表面的结构发生了变化。

4. 光刻胶去除

由于几何图案非常复杂，为了获得理想的结构必须多次使用这个工艺过程。每个过程都是污染的潜在来源。因此，每一步工艺后都要进行清洗，所以清洗是制造晶片过程中反复重复的步骤。下列几节中将提供一些臭氧应用的实例，重点集中在清洗和氧化过程。其他去除光刻胶的方法目前应用还不普遍。

6.1.1 原理和目的

在半导体工业中必须进行清洗。微量的污染物能引起晶片表面结构改变。自从80年代后期，在集成电路片的生产中已经使用臭氧清洗工艺。随着工艺不断改善和新方法的发展，人们对于臭氧清洗过程的兴趣也不断增加。

有效清洗过程必须是能够清除影响元件功能和可靠性的所有污染物。可能的污染物分为下列几类：

- 颗粒：主要来自于周围环境和人群（皮肤、毛发、衣服），但是溶剂和运动的物体也会成为颗粒的来源
- 有机杂质：即没有完全除去的光刻胶或溶剂
- 离子污染：来自人类、溶剂
- 原子污染：溶剂和机械的金属薄膜

晶片制造的每个工艺步骤都是污染物的潜在来源，每步都有它特定的污染物。这意味着为了去除晶片上所有的污染物，一个有效的清洗过程应包括很多清洗步骤。

6.1.2 现有的清洗工艺

现有的清洗方法可分为湿法清洗和干法清洗。湿法清洗使用溶剂、酸、表面活性剂、去离子水等喷射、溶解表面污染物。每次使用化学药品后,都要用去离子水冲洗。晶片表面的氧化过程有时归入清洗步骤。

干法清洗,也叫气相清洗,是利用激发能进行清洗,如等离子体、辐照或热激发等。这节将主要讲述湿法清洗工艺,在这方面臭氧具有重要的意义。

为了更好地说明清洗步骤的目的,首先详细说明常规 RCA 清洗工艺。RCA 清洗工艺是 1965 为清洗晶片开发的一种技术,并于 1970 年发布(Kern 和 Puotinen,1970),至今仍非常重要。表 6-1 列出了预清洗和 RCA 清洗的步骤,以及每步清洗的目的。

RCA 清洗(Ohmi,1998;Kern,1999) 表 6-1

工艺	程序	目的
预清洗		
H_2SO_4/H_2O_2 (4:1),120-150℃	SPM(硫酸、过氧化氢、去离子水混合)	除去有机碳
去离子水	UPW(超纯水)	冲洗
HF(0.5%)	DHF(稀氢氟酸)	除去氧化物
去离子水	UPW(超纯水)	冲洗
RCA 标准清洗 1(SC1)		
$NH_4OH/H_2O_2/H_2O$ (1:1:5),70-90℃	APM(氢氧化铵、过氧化氢、去离子水混合)	除去颗粒、有机物、某些金属
去离子水	UPW(超纯水)	冲洗
标准清洗 2(SC2)		
$HCl/H_2O_2/H_2O$ (1:1:6),70-90℃	HPM(氯化氢、过氧化氢、去离子水混合)	除去金属
去离子水	UPW(超纯水)	冲洗
氧化层增长(可能在 SC1 或 SC2 后)		
HF(0.5%)	DHF(稀氢氟酸)	氧化物增长

RCA 清洗工艺是在半导体工业规模还很小和环境法规还不像今天这么严格的时候发展起来的。那时,研发新技术的目的是减少必需的清洗步骤,降低化学药剂消耗量和废水处理量。最近湿法工艺的改进非常成功,大幅度降低了清洗费用、化学药剂和水的消耗量。许多技术进步是由于使用了臭氧氧化的超纯水(UPW, ultra pure water),取代了过氧化氢与硫酸的混合物(Heyns 等,1999)。

所谓 IMEC 清洗是一改进的清洗技术（来自比利时政府于 1984 年设立的大学微电子中心）。它由两步工艺和可供选择的第三步组成：

1. 硫酸/臭氧混合物（SOM，Sulfuric acid/ozone mixture）：去除有机物和形成化学氧化层。在最佳条件下臭氧氧化的超纯水能代替 SOM。SOM 臭氧氧化的超纯水能代替 SPM 清洗（硫酸、过氧化氢、去离子水混合物，Sulfuric acid, hydrogen peroxide, DI water mixture）。

2. 选择步骤 HF/HCl：去除颗粒物、金属和氧化物，H 稳定化的表面。

3. HCl/O_3 或其他臭氧或过氧化氢混合物：再形成氧化物薄层，即亲水钝化。

IMEC 工艺与 RCA 清洗相比表明，必需的步骤大大减少。带预清洗的 RCA 包括 9 个步骤，而 IMEC 降低到 2 或 3 步。化学药剂从 6 个（RCA）降低到 4 个（IMEC）。

下列方法将清洗所需化学药剂的品种都减少得更多。超声波（0.8~1.2MHz）可增加颗粒除去的效率（Kanetaka 等，1998），即所谓的超洁清洗（UCT Cleaning, ultra clean technology）。

1. 臭氧氧化的去离子水（5mg L^{-1}）：去除有机碳和金属

2. $HF/H_2O_2/H_2O$/表面活性剂 + 超声波（0.5%：0.1%~1%）：去除颗粒物、金属，生成化学氧化层

3. 臭氧氧化水 + 超声波（1mg L^{-1}）：除去有机碳和粘附的化学物质

4. DHF/O_3（0.1%）：生成化学氧化层

5. 去离子水 + H_2 + 超声波：冲洗

全部清洗都在室温下进行。

臭氧的浓度和流速取决于应用过程。对于清洗工艺，液体中臭氧的浓度大约是 5~20mg L^{-1}，光刻胶的清除需要浓度达到 50mg L^{-1} 或更高。

6.1.3 工艺和/或实验设计

下列章节论述了臭氧氧化过程设计、开发新的应用方法或改进现有过程的方法。

系统确定：由于使用超纯水（>18MΩ），其他应用中水体的不确定性在本应用中大大降低。"绝对清洁"这一工业要求，也适用于清洗设备（臭氧发生器、接触系统），这就意味着没有颗粒物的产生，也没有金属、离子或有机污染物。现在已经形成了完整的工业，可以提供满足这些需要的设备。

分析方法的选择：为了确保重现性，需要进行过程控制。尤其是必须测定液体中臭氧的浓度（B2.5）。

测定步骤：纯水中的基本反应与在饮用水和废水处理中的基本反应相同。因此有关的必需设备（B2）、臭氧传输设备（B3）、反应动力学（包括影响因素）（B4）的知识对于研发新的清洗方法或配方非常有用。

臭氧在水中的吸收和晶片清洗（清洗、光刻胶去除）工艺常常是两个分离的系统，相隔最远可达40m。因此应该测定臭氧分解速率或至少测定接近使用地点的液体中臭氧的浓度，以保证整个过程的重现性。

6.2 高级氧化过程

Glaze等（1987）提出了高级氧化过程的定义，并利用高级氧化过程（AOPs）中产生的高反应活性自由基中间体，尤其是羟基自由基$OH°$，进行水处理的过程。在高pH值条件下，单独使用臭氧也是一种AOP。因为臭氧与天然水中的大部分污染物主要通过非选择性的间接路径反应，AOP是催化这些自由基产生的一种技术，可以加速分解有机污染物。由于自由基在反应模式上相对来说是非选择性的，因此它们能够氧化所有还原性物质，而不仅限于某一种污染物，这与分子臭氧氧化情况相同。

AOPs的机理在A2已有描述，影响氧化过程的各种参数的重要性和影响也在B4.4讨论过。下列章节的目的是提供现有高级氧化的实例，并对使用AOP提出了一些建议。

6.2.1 原理和目的

臭氧是在饮用水和废水处理工艺中最强的氧化剂之一。由于反应速率常数小，且直接反应不能将有机物完全矿化，它常常与一个更强的氧化剂联合使用：

- O_3/H_2O_2
- O_3/UV
- UV/H_2O_2

通过两种氧化剂组合，氧化能力将进一步增加，这种处理比单一氧化剂（UV、O_3或H_2O_2）更有效。在这方面已经做了大量理论和实际工作。Peyton（1990）、Camel和Bermond（1998）都提供了非常全面的综述。

6.2.2 现有高级氧化过程

臭氧/过氧化氢（O_3/H_2O_2）

O_3/H_2O_2系统也称为PEROXONE。它的氧化能力在于H_2O_2能引发臭氧的分解，产生$OH°$（Staehelin和Hoigné，1982）。Brunet（1984）和Duguet（1985）发现加入H_2O_2可以提高几种有机物的氧化效率。Glaze和Kang（1988）在实验室和洛杉矶现场，对于三氯乙烯（TCE）和四氯乙烯（PCE）污染的地表水的研究中使用了 O_3/H_2O_2 高级氧化过程并获得成功。

如果化合物与臭氧的反应已经非常快，再加入 H_2O_2 则不会产生任何作用，Brunet 等（1984）对苯甲醛和邻苯二甲酸的研究结果就是如此。芳香环上的官能团与分子臭氧的反应活性很高。O_3/H_2O_2 氧化过程的优点在于可以去除对于臭氧没有活性的化合物。草酸通常是分子臭氧反应的终端化合物，在加入过氧化氢后，其臭氧氧化速度明显加快。

O_3/H_2O_2 的最佳摩尔投加比常常在 0.5~1 范围内，具体数值取决于促进剂和抑制剂的种类和浓度。H_2O_2 本身也可以起到促进剂和抑制剂的作用，因此获得最佳投加比是非常重要的。在很多情况下，都希望在臭氧氧化过程中能加强臭氧传质。

臭氧/紫外线辐照（O_3/UV）

在紫外线辐照下，臭氧比过氧化氢光分解能力强（$\varepsilon_{254nm}(O_3) = 3300 M^{-1} cm^{-1}$，$\varepsilon_{254nm}(H_2O_2) = 19 M^{-1} cm^{-1}$），因此 O_3/UV 的氧化能力强于 H_2O_2/UV。

Prengle 等（1975）首次预见了臭氧/紫外线体系在废水处理中的商业潜力。他们指出这种组合工艺可以增强对含氰络合物、含氯溶剂、杀虫剂，以及综合参数如 COD、BOD 的氧化能力。

Paillard 等（1988）得出结论，O_3/UV 不适于去除卤代脂肪烃，因为用空气吹脱法去除它们需要的能量更少。他们发现除去 90% 的不饱和卤代烃需要消耗 290~380Wh m^{-3} 的能量，但是他们并没有进行实验优化，因此实际能耗量可能会降低。

其他的研究表明 O_3/UV 体系能除去卤代芳烃，氧化速率比单独使用臭氧快（Peyton 等，1982；Glaze 等 1982）。O_3-UV 的最佳比值取决于水质和水环境，但无法给出通用的指导原则。然而，在水处理中臭氧必须处于溶液中，但对于废水处理情况不完全如此。

H_2O_2/UV

随着 H_2O_2 加入 UV 辐射系统，污染物的去除速率会加快。过氧化氢比臭氧便宜，它比有毒的臭氧应用起来更简单、更安全。尽管它有一定的缺陷，但很多处理方案中经常使用。

光分解 1 摩尔过氧化氢产生 2 摩尔的 OH°，如果只考虑氧化剂的理论产量，H_2O_2/UV 系统是比较理想的（见 A2）。实际上由于较低的消光系数，过氧化氢在 254nm 处的吸收很少，产生 OH° 的效率也很低。由于吸光率很低（$\varepsilon_{254nm} = 19 M^{-1}cm^{-1}$），必须加入过量的 H_2O_2 或延长 UV 辐射时间。

在饮用水处理中，在处理装置出口，高浓度的过氧化氢有可能成为一个问题。在德国，过氧化氢的浓度限定值是 $0.1 mgL^{-1}$。Wabner 的研究人员研究了用 H_2O_2/UV 处理含杀虫剂的地下水的过程，并进行了中试研究（Pettinger，1992；Wimmer，1993）。农药阿特拉津的浓度和脱乙基阿特拉津（desethylatrazine）的浓度可以分别从 $0.55 ng L^{-1}$ 和 $0.25 ngL^{-1}$，降低到法律规定的水平（$0.1 ngL^{-1}$），但是过氧化氢的残留浓度问题仍然没有解决。

比较

如果运用适当，AOPs 通常比单独使用臭氧的氧化速率更高，但是需要对效率、费用和可能的副作用进行评价（Glaze，1987）。对于去除饮用水中的气味和颜色，只使用臭氧就足够了，不需要再加入过氧化氢或 UV。

在饮用水处理过程中，对于 AOPs 的比较结果表明，O_3/H_2O_2 是最有效、最便宜的组合过程，其次是 O_3/UV 组合过程（Glaze 等，1987；Prados 等，1995）。

A2 部分已经表明 O_3/UV 和 O_3/H_2O_2 的机理相似。在前者中 H_2O_2 现场制备，而在后者中是外加过氧化氢。当某种物质在 UV 区域有强烈的吸收时，O_3/UV 组合更有效，Peyton 等（1982）研究报告表明四氯乙烯的氧化过程就是如此。对于某些光不稳定物质，如杀虫剂，反应速率非常大，以至于使用臭氧的作用甚微。相反，如果当物质不能直接光解，O_3/UV 组合即使产生 H_2O_2，也毫无意义。

O_3/H_2O_2 组合的优点在于不需要日常维护，如清洗、置换 UV 灯，而且能量要求也较低。已经使用臭氧作为处理过程的处理厂，加入过氧化氢很容易增加反应速率。

6.2.3 实验设计

除了实验设计的常见问题外（见 B1），还需要考虑下列几点：

确定体系：
- 水：由于水的组成影响比较大，因此要使用组成相同的水
- 氧化剂：对于很容易被臭氧或 UV 氧化的水，应尽量避免使用组合处理工艺。利用筛选的方法，可以确定投加速度是否正确

如果水消耗臭氧非常快，比物料转移还要快，传质就成为限制因素。在第二种氧化剂加入前，臭氧可能已经被消耗。这样就无从谈起组合过程，用臭氧单独进行预处理就可能解决问题，而不需要使用组合氧化剂。在加入第二种氧化剂前，即使臭氧没有被消耗完，也应该考虑和了解传质的限制作用。

反应器：

从概念上讲，O_3/UV 和 O_3/H_2O_2 的应用非常简单。使用 O_3/UV 处理过程时，在向废水中鼓入臭氧－氧气混合物的同时或之后，用紫外灯照射废水。对于 O_3/H_2O_2 处理过程，在向废水中鼓入臭氧－氧气混合物的同时，可以加入过氧化氢。在实际中要注意下列几个细节。

对于 O_3/UV 过程，Prengle（1975）建议，使用带搅拌的光化学反应罐（STPR）能获得更好的传质效果。臭氧接触与 UV 照射同时进行比先后进行更好，因为需要良好的臭氧传递以维持 $OH°$ 反应。STPR 反应器有望被静态混合器－鼓泡塔－循环泵处理过程取代。

在使用 UV 灯的 AOP 组合过程中，常常使用低压汞灯。它的主要输出在 254nm（占总强度的 85%），这对臭氧的光解效率是非常重要的。经石英封装的未掺杂 TiO_2 的汞灯也会产生 185nm 射线，该射线可以产生臭氧，并有助于过氧化氢的光解。在饮用水处理过程中，如果过氧化氢浓度超过了法律规定值，可以考虑使用能发射大量低于 254nm 射线的低压汞灯。

分析方法的选择：

为了分析数据必须进行物料平衡计算，必须测定臭氧输入输出浓度，以及臭氧和过氧化氢在液相中的浓度。在 UV 辐射下，光子的量也要通过光能强度测定计进行测量。

实验程序的确定： 见 B1.2

数据分析和结果评估： 见 B1.2

6.3 三相系统

Anja Kornmüller

臭氧可以用于进行选择性臭氧氧化反应、残留物氧化和/或增强生物降解性的三相体系。它能用来处理饮用水、废水以及气体和固体废弃物。尤其在饮用水处理中，臭氧得到大规模的应用，例如颗粒物质的去除和杀菌，偶尔用于废水中污泥的臭氧氧化，有时在 AOP 中作为催化剂使用。目前对三相体系的臭氧氧化研究领域包括油的处理和吸附剂的氧化再生。水－溶剂体系的臭氧氧化几乎很少进行实验室研究，似乎只有在特殊情况下这种方法才有优势。总之，臭氧氧化应用于气体/水/溶剂和气体/水/固体体系方面，还有发展和改善的潜力。

臭氧氧化在两种类型的三相体系中的应用原理和目的将在 B6.3.2 中讨论。在这些复杂的体系中，传质对臭氧氧化结果可能起决定性的作用。三相体系中产生的传质阻力和影响，也将在这节中详细讨论。我们将以气体/水/溶剂体系作为其中一个的实例加以讨论，读者可以将这些原理应用于气体/水/固体体系。随后列举了两种三相体系的应用实例（B6.3.2），重点强调这些实例的目的及技术优缺点，在 B6.3.3 中，对于三相体系的实验提供一些有价值的建议。

6.3.1 原理和目的

除了水相 – 气相 O_3/O_2 或水相 – 气相 $O_3/$空气外，三相体系包括第二种流体或固体。根据溶剂相和固相在水相中是分散还是分层，可对其进行分类（见表 6 – 2）。臭氧可以直接或间接输入反应器中。如果直接通入臭氧气体，在液相或固体颗粒周围的液膜中，化学反应与臭氧传质同时进行。如果间接通入反应器，先将臭氧吸收于纯水或第二液相中，再进入含有要处理水或固体的反应器中。

根据第三相在水中的状态进行的三相体系分类　　　　表 6 – 2

第三相在水或气体/水/溶剂中	气体/水/固体
非分散相/分层相 （膜反应器中的碳氟化合物）	非分散相/分层相（固定床催化剂、吸附剂再生或现场污染土壤的处理）
溶剂分散在水中（有或无乳化剂的水 – 油乳液中的油滴）	颗粒分散在水中（有机或无机物污染的固体，如生物处理中的污泥，污染土壤）

尽管在有些情况下目标化合物存在于溶剂中（例如，高亲油性的多环芳烃分散在油滴中），或吸附于固体表面（例如，吸附剂的再生或污染固体的处理），但一般要氧化的目标化合物常常处在水相。在三相体系中要认真考虑溶质在水和溶剂或水和固体之间的分配倾向。

气相/水/溶剂体系

在气相/水/溶剂体系中，臭氧氧化的常见目的是：

- 增加臭氧和目标化合物（M）在溶剂中溶解性，从而
- 建立臭氧和目标化合物（M）之间的选择性直接反应

在此体系中会发生：溶剂对有机溶质进行化学萃取，然后在该相中进行臭氧氧化，臭氧再从溶剂相扩散进入水相，再进行随后的化学反应。

水/溶剂相臭氧氧化的可行性主要取决于溶剂的性质。溶剂应该满足下列条件：

- 蒸气压低
- 无毒并与水不相混溶
- 对臭氧溶解性高
- 与臭氧不反应

臭氧与溶质的反应机理应该已知，以便建立一种选择性氧化反应。水相中的非目标化合物应该与臭氧反应倾向比较低，否则大量臭氧可能在水相中与非目标化合物发生反应，消耗很多的臭氧，以至于不能氧化溶剂相中目标化合物。反应的选择性很大程度上取决于溶质在水、气和溶剂中的分配情况，可以通过文献查阅或者实验测定得到物质的分配系数。可以通过以前化学家的初步研究和分析，了解在纯溶剂或水–溶剂体系中臭氧反应的选择性（Bailey, 1958）。

惰性溶剂（例如正戊烷、四氯化碳）为我们提供了制备和研究臭氧分解的氧化产物的机会，例如，低温下的臭氧氧化物（Criegee, 1975）。只是在近二十年中，利用臭氧在水–溶剂体系中溶解度高、传质增强作用和反应速率快的特点，才研究开发了臭氧氧化技术。

气相/水/固相系统

含固相的三相体系臭氧氧化，常常具有下列一个或多个目的：

- 改变固体（使之更易沉积/过滤或减量）
- 改变吸附于固体化合物（转化或矿化）
- 在催化剂的作用下产生自由基，改善氧化效率

臭氧在气相/水/固相体系中的应用涉及很多介质，如污泥、土壤、吸附剂和催化剂。消毒，也可以看做一个三相体系，在前面章节中已经进行了详细的描述，并已得到应用（见 A3.2.1 和 3.3.2）。人们经常讨论使用预臭氧氧化去除颗粒物的方法，例如在地表水的处理中去除不同的有机物颗粒（如细菌、病毒、藻类、悬浮有机物）和无机物颗粒（如二氧化硅、铝和铁的氧化物、粘土）（见 A3.2.4）。

三相体系中的传质

多数影响三相体系中传质速率、化学反应速率和体系效率的参数已在 B3 中讨论过，但是除了在气相/水相体系中传质阻力外，在三相体系中可能还有两种阻力：

- 水相/溶剂相界面的液膜阻力，或水相/固相界面的水膜阻力

• 第二液相或固相中的扩散阻力

总的阻力是各分阻力之和（见方程式3-8），在总的传质系数 $k_L a$ 中已将这些阻力都考虑在内。实际上，对于分散的液相或固相，通常无法测定传质系数。例如：在第二液相或固相中，不可能测出 O_2 或 O_3 的浓度。在这种情况下，可以利用连续相确定总的传质系数。如果第二种液相溶剂中臭氧处于饱和状态，将污染物从水相萃取进溶剂相，就可以确定每一步的传质系数。

溶剂和固体以及水的成分对于 $k_L a$ 的影响不同，这不仅取决于它们的性质，还取决于体系的水力学条件（见 B3.2）。因此在与臭氧氧化实验相似的操作条件下，应该测定三相体系中 $k_L a$ 与 α 因子（三相体系的 $k_L a$ 值与水相 $k_L a$ 值的比值）。

引入第三相不仅增加了传质的阻力，而且增加了可能的传质方向。例如臭氧能从气相转移到水相或溶剂相，或者从溶剂相进入水相；溶质可以从水相进入溶剂相，也可以从溶剂相回到水相。当考虑化学反应时，第三相也使体系更加复杂。这两方面将在下面讨论。

如果溶剂对臭氧的溶解能力高于水，我们就无法预测三相体系对传质系数 $k_L a$ 的影响。三相体系的 $k_L a$ 可能比单纯水相体系高或低。这种影响取决于臭氧在水相/溶剂相界面间的传质阻力是由水膜还是溶剂膜控制。这还取决于膜传质系数和分配系数的相对数值，而膜传质系数和分配系数又依赖于扩散系数和臭氧在溶剂相中的溶解度（见B3.1.4）。Battino（1981）评述了臭氧在水和各种非水溶剂中的溶解度。对于特殊的溶剂，如果没有臭氧的溶解度数据，可以用氧气的溶解度来计算出臭氧的溶解度（Battino，1983）。在实验室只能测定臭氧在水相的扩散系数（见B3.3.4）。对其他溶剂和水，可以用以利用 Wilke – Chang 方程式计算扩散系数（Wilke 和 Chang，1955）。在两种液相中扩散系数的比值和溶解度数据，能用于判断他们对臭氧在水/溶剂间的传质的影响。

溶质在三相系统中传质的驱动力可用溶剂/水分配系数测定，例如气液相间的分配系数（Herry 定律常数）可用来测定臭氧传质的驱动力。溶质会从一相向另外一相扩散，直到在所有的三相之间达到平衡。可以利用溶质的疏水性来估计溶质在水和溶剂间的分配倾向。如果溶剂和正辛醇的疏水性相当，经常测定和使用它的辛醇/水分配系数 K_{ow}。除了传质驱动力外，扩散和传质的快慢不仅取决于传质系数，还取决于化学反应的速率。

如果溶质进入溶剂相的传质速率可与溶剂中的化学反应速率相比较，就必须考虑传质过程。如果溶质在溶剂中的氧化速度慢于臭氧在水/溶剂中的传质速率，则体系由化学反应控制。反之，则体系由扩散控制或传质控制。为了利用在水/溶剂界面上或在溶剂中的选择性臭氧氧化，应该考虑到溶质与臭氧的反应机理。疏水性好的氧化产物可能停留在溶剂相中，但也能从溶剂相扩散到水相，直到达到平衡。因此这些产物可能在水相被进一步氧化。

6.3.2 现有过程

现有处理过程中的实例大部分来源于实验室研究。我们只了解少量工业应用的实例，例如，用来处理生物预处理后的垃圾渗滤液的 Ecoclear® 生态净化过程（在这种过程中专用的颗粒活性炭用作浸没式固体催化剂）；饮用水臭氧氧化去除颗粒过程，以及污水处理厂生物处理出水的臭氧氧化过程。下面主要是针对不同体系、第三相（溶剂和固体）在水相的分散类型及处理目的对各种方法进行讨论。

气相/水/溶剂体系

尽管污染物处于溶剂相的案例很多，但在大部分应用臭氧氧化的气相/水/溶剂体系中，模型化合物是处于水相。因此，进行这些实验常常是为了研究具有一般目的的体系的工作原理（见 B6.3.1）。另外，还开发了一些特殊类型的反应器。表 6-3 总结了所要讨论的案例。

无毒的氟代烃可能是实验室中应用最早、甚至是目前最常用的溶剂，它主要用于氯代烃的臭氧氧化（Stich 等，1987；Bhattcharyya 等，1995；Guha 等，1995；Freshour 等，1996；Shanbhag 等，1996）。

气相/水/溶剂体系的实验室研究案例　　　　　　　　　　　表 6-3

溶剂（第三相）分散于水中/反应器	溶剂	溶质（M）	参考文献
非分散、连续的溶剂相或分散溶剂相/溶剂臭氧饱和器-罐式搅拌反应器-两相分离器三步体系	氟代烃（例如 3M 公司的 FC40 或 FC77）（3M 公司）	苯酚和氯代烃，例如五氯苯酚、TCE	Stich 等，1987；Bhattcharyya 等，1995；Freshour 等，1996
非分散、分层的溶剂相/新型中空纤维膜反应器	（FC43 或 FC77）	甲苯、苯酚、丙烯腈、TCE、硝基苯	Guha 等，1995；Shanbhag 等，1996
溶剂分散在水相（有或无乳化剂）/标准化罐式搅拌反应器	在油/水乳液中的油滴	2-5 环的多环芳烃碳氢化合物	Kornmüller 等，1996，1997 a，b，1999

例如惰性氟代烃（FC40，3M 公司）具有对臭氧的稳定性高和溶解度大的特点（在实验条件下，25℃，饱和浓度为 120mg/L），可以先用臭氧饱和，然后与含五氯苯酚或各种含氯代烃污染物的水相接触（Bhattcharyya 等，1995；Freshour 等，1996）。在这些实验中可以分解高达 95% 的五氯苯酚，这与五氯苯酚在两种液相中的分配系数无关，

说明在这个体系中臭氧的传质不是限定因素。与水溶液体系相比，这种系统的臭氧单位消耗量低到 1/25，并且在 pH = 0.3 时，五氯苯酚的假一级反应速率常数增加了 3 个数量级。在几种化合物的臭氧氧化脱氯中，由于氯离子对氟代烃的亲和力低，氯离子脱落后存留在水相中（Bhattacharyya 等，1995）。

Guha 等（1995）开发了一种能利用水 - 溶剂体系优点的新型反应器。他们使用了由微孔聚四氟乙烯中空纤维制成的膜反应器。在围绕中空纤维外部的空间充满惰性氟代烃相。将中空纤维分成两组：臭氧氧化的空气通过第一组，废水通过第二组。目标化合物（例如甲苯，硝基苯等）通过膜扩散到外部反应介质中——氟代烃相。亲水性的氧化产物被萃取回到水流中。但只有 40% ~ 80% 的污染物被转化，这可能是由于水膜中的阻力所致。可以设计两套串联反应器增加去除率。Shanbhag 等（1996）对这种反应器进行了改进，使之能处理挥发性化合物。与常规的向氟代烃直接鼓入臭氧的处理方法相比，新方法可以避免氟代烃的挥发损失，但是带来额外的边界和膜的阻力问题。

缩合程度高的多环芳烃（polycyclic armatic hydrocarbons，PAH，多于 4 个苯环）有诱变和致癌作用，而且生物降解性很差。由于亲水性和水溶解度很低，PAH 常溶于油/水乳液分散相中或者溶于憎水有机相中（例如原油和金属切削液）。臭氧和多环芳烃在均相乳液的油滴中都有很高的溶解度，可以进行氧化，反应速率也非常快（Kornmüller 等，1997a）。正十二烷与臭氧不发生反应，可用作为矿物油的模型化合物。而某些稳定乳液的乳化剂能与臭氧发生部分反应（Kornmüller 等，1996）。

气相臭氧的吸附过程与油滴中多环芳烃的反应可以同时进行。为了证明在这种情况下，臭氧的传质是非限定性的，要对气/水之间的传质过程进行优化。对于确定尺寸分布的油滴，通过多种油/水 - 乳液的臭氧氧化可以研究油/水界面和液滴内部的传质过程的影响。油滴的平均直径（1.2 - 15μm）对多环芳烃的反应速率没有影响，化学反应并不受水/油界面传质过程或油滴内浓度扩散的控制。因此可以通过与多环芳烃浓度有关的一级反应来描述微反应动力学（Kornmüller 等，1997a）。pH 值变化和加入抑制剂的结果表明在油滴中多环芳烃进行选择性直接反应（Kornmüller 等，1997b）。例如在五元环苯并芘的臭氧氧化反应中，形成的氧化产物——二级臭氧化物和氧杂环庚烯酮（Hydroxytriphenylenol [4，5 - cde] oxepin - 6（4H） - one），它们是臭氧分解的特定产物，都证实了这一反应机理（Kornmüller 和 Wiesmann，1999）。

气相/水相/固相体系

根据处理目的可将现有的气相/水相/固相系统处理过程进行分类。表 6 - 4 列出了实验室研究和工业应用的各种体系。

表 6-4　气相/水相/固相系统的案例

固相(第三相)在反应器水中的分散状态	固相	溶质(M)/吸附剂(M)	主要目的	参考文献
非分散、分层/固定床反应器	十八烷硅凝胶(ODS)	多环芳烃(BeP)	再生使用过的吸附剂	Kornmüller, 1997
非分散、分层相/工业大型固定床反应器	特殊规格的活性炭(Ecoclear®工艺)	垃圾渗滤液	提高氧化效率	Kaptijn, 1997
固体分散在水中/振动瓶、鼓泡塔、带搅拌反应器或废水处理装置	多种生物活性污泥		固相的改变、颗粒去除	Van Leeuwen, 1992; Collignon, 1994; Saayman, 1996; Kamiya, 1998; Yasui, 1996; Sakai, 1997; Scheminski, 1999
	污染的土壤	NOM	改变吸附在固相表面的物质	Ohlenbusch., 1998
	活性炭 TCE (filtrasorb 400)		再生使用过的吸附剂	Mourand., 1995
	高活性粒状氢氧化铁(β-FeOOH)	灰黄霉酸	再生使用过的吸附剂	Teermann., 1999
固相含少量水/现场土壤修复或实验室土壤柱	污染的土壤	多环芳烃(Pyr, BaP)	改变吸附在固相化合物	Eberius., 1997

固相的变化

很多研究人员已经对污泥（生物处理过程中的生物体）的臭氧氧化过程对于控制污泥膨胀、改善沉降特性（Van Leeuwen，1992；Collignon 等，1994）或磷酸盐去除的稳定性（Saayman 等，1996）等方面进行了研究。臭氧氧化除了控制污泥膨胀以外，还可以同时减少过量污泥（Kamiya 和 Hirotsuji，1998）。在工业应用中，Yasui（1996）和 Sakai 等人（1997）完全消除了制药废水与市政污水混合污水产生的过量污泥。这些结果可以用细菌细胞膜的破坏进行解释。Scheminski 等人（1999）进行了更详尽的研究，结果表明，在臭氧消耗量为 0.5g g^{-1}（臭氧/干有机物）时，消化污泥转化成溶解性物质，如蛋白质、油脂和多糖。

由于污泥的复杂性、影响处理过程参数的多样性以及实验装置不同，很难对污泥臭氧氧化的结果进行总结。不考虑参数影响时，通常实验的关键在于达到理想的效果时所需要的臭氧量。这种方法的适用性与现场状况密切相关。每个国家和地区都有不同的限制条件，例如对污泥处置的成本和规定不同（特别是有机干物质的含量），可用的处置方法也有所不同（如农业利用、焚烧、填埋）。

吸附于固体表面化合物的变化

三相系统的另一应用是受污染土壤的现场或实验室臭氧氧化。其目的是提高污染土壤的残留非挥发性有机物（例如多环芳烃）的生物可降解性。在现场处理时，在水非饱和区中（原位处理），水在土壤颗粒表面上形成水膜，或在反应器中，土壤悬浮于水中（主要是现场处理）。Eberius 等（1997）研究了在二氧化硅和土壤中含 C^{14} 放射性标记的多环芳烃和苯并芘的臭氧氧化过程。两种多环芳烃被氧化成水溶性物质的百分比很高（20%~30%），但土壤中有10%是不可萃取的，而且有30%是与土壤中有机物结合在一起。经过长时间降解后，土壤结合的残余物的毒性和稳定性仍然不了解。土壤有机物的臭氧氧化致使腐殖质含量降低，平均分子量减小。由于容易降解的成分和低分子量有机酸量增加，Ohlenbusch 等（1998）发现臭氧氧化之后细菌再生长速度加快。

在实验室或现场处理，由于形成有机酸，pH 值会持续降低，因此要控制 pH 值。这种影响将会使氧化机理向直接氧化途径偏移，同时也会影响土壤中的化学平衡。此外，上述两种情况下，臭氧的应用将导致土壤化学成分的变化，例如，导致阳离子交换层和腐殖质含量变化。对于这些变化引起的结果，目前我们并不了解。臭氧氧化可能诱发细菌再生长过程中产生选择性和迟滞期。

根据目前的知识水平，不推荐采用原位土壤臭氧氧化。我们对于水溶液均相体系中大多数化合物的氧化产物及其毒性尚不了解，更不用说复杂的"土壤"生态体系。有必要进行更多的研究，以评估对"土壤"生态系统的可能影响和现场实际应用的安全问题。

化学氧化再生法可以用于氧化吸附剂表面所吸附的化合物，使其重新获得吸附能力。这种对吸附剂再生的方法比加热法效果好（无需装运再生设备或处理浓缩物）。Eichenmüller（1997）对几种吸附剂进行了测试，以了解臭氧氧化再生过程的可行性。聚合物吸附剂，例如 Wofatit，会与臭氧发生反应，因此建议不要使用这类物质，而吸附剂上十八烷硅酸酯凝胶颗粒（ODS）可以阻止臭氧亲电进攻，这是由于它的化学结构中含有烷基侧链。吸附苯并芘的十八烷硅酸酯凝胶颗粒，可以用溶于水的臭氧进行六次吸附和氧化再生，不会明显损失吸附能力。臭氧可以与被吸附化合物发生直接反应，这可以用被吸附的苯并芘的两种主要氧化产物来解释，这种氧化途径与前面提到的均相油/水乳液体系中苯并芘的臭氧氧化过程相似。相反，使用 O_3/H_2O_2 却无法使吸附三氯乙烯饱和后的 Filtrasorb-400 活性炭达到完全再生（Mourand，1995）。

用溶于水的臭氧可以再生吸附了棕黄酸（fulvic acid）的高活性颗粒状氢氧化铁（β-FeOOH）(Teermann 和 Jekel，1999）。结果表明，如果要达到好的再生效果，悬浮液中臭氧的初始浓度要高于 $8mg\ L^{-1}$（实验室中很难达到此浓度），臭氧的投加量要高于 $1.2mg\ mg^{-1}$（臭氧/被吸附的有机碳）。由于臭氧氧化受传质的限制，而且有利于间接反应的高活性表面对羟基自由基有催化作用，因此对于金属氢氧化物吸附剂，其他的氧化剂可能比臭氧更有效。

催化产生自由基提高氧化效率

如前所述，在吸附剂的氧化再生中，固体可以催化臭氧氧化化合物的过程。在 Ecoclear®工艺中采用非均相催化氧化，其中臭氧气体和含污染物水溶液并流进入固定床反应器，污染物被吸附于作为催化剂的特殊活性炭表面。为了保护活性炭，在初次使用臭氧前，活性炭应先进行吸附。与产生羟基自由基、受抑止剂影响的高级氧化过程不同（见B6.2），在再生过程中，臭氧通过活性炭作用形成氧自由基，并与被吸附的有机物反应。因此，氧化的选择性取决于有机物的吸附特性和反应活性（Kaptijn, 1997）。自从1992起Ecoclear®工艺已成功地用于实际工程，进行垃圾渗滤液的生物预处理（见表A3-3）。

6.3.3 实验设计

体系的确定： 在气相/水/溶剂体系和气相/水/固相体系中，保持臭氧氧化过程中分散液和悬浮液均匀性是很重要的。应该根据体系的特性，提供合适的反应器和有效的搅拌。

对于气相/水/溶剂相体系，在任何实验之前必须检查溶剂的蒸气压，以避免溶剂发生气提。溶质也应当是无挥发性的。溶剂应当是无毒、与水不混溶，并且对臭氧的溶解度要高。在整个臭氧氧化过程中，必须保证溶剂对臭氧无反应性和三相体系的稳定性。如果溶剂不能再次利用，它一般应当是可以处理的，最好是可生物降解的。应该注意一个很重要的安全问题，臭氧（和纯氧）与反应性的油脂、脂肪和油类接触时，可能会发生爆炸。

一般在三相体系臭氧氧化中应当始终考虑和研究传质的限制作用。对于悬浮液，应该测定它的 $k_L a$ 和 α 因子（见B3.2）。即使在非均相体系中把反应看做假一级反应，也应该对臭氧反应的动力学模型严格评判。通常对于气/液和液/固界面中的臭氧传质影响都没有检测。在研究吸附在颗粒表面和内部的化合物的臭氧氧化时，多数情况下要考虑到臭氧通过液/固界面和颗粒内部的传质过程对化学反应的限制。对于颗粒尺寸固定和化合物已知的体系，可以研究液/固传质过程，也可以建立反应的动力学模型，但是用此方法研究实际体系则太复杂了。

为了成功地利用气/液/固体系的臭氧氧化对使用过的吸附剂进行再生，所用的吸附剂必须不与臭氧发生反应。在考虑用臭氧对吸附剂进行再生时，应当检测单独由吸附剂引起的臭氧分解。如果使用臭氧进行再生，最好不使用活性炭做吸附剂。根据实验条件不同，臭氧或多或少会与其双键发生反应，而被活性炭分解。例如，在实验室中，活性炭通常用作气相臭氧去除剂，缓慢氧化会引起活性炭的消耗。

在吸附化合物的氧化中，应根据再生所用的氧化剂对适合的处理过程进行评估。也许在水中污染物的直接臭氧氧化比吸附后氧化再生的两段式工艺更有优势。但是，如果水中污染物的浓度很低，吸附物富集后再在吸附状态下进行臭氧氧化，可能更有优势。

选择分析方法：
- **化合物（M）**：应该采用可以单独测定水相和溶剂相中已知化合物（M）及其氧化产物浓度的方法进行分析。在水相中，氧化过程可以通过 DOC 和 COD 这样的综合参数来描述，而在溶剂相中，这些物质的浓度往往取决于溶剂本身。在气/水/固体系中，应研究测定颗粒上的化合物的方法，例如，萃取或颗粒分解等，来描述固相中的氧化过程。
- **臭氧**：在三相系统中测量溶解态臭氧可能更复杂。用分光光度靛青法分析溶解态臭氧，会受到一些化合物的干扰，它们会散射或吸收光（Hoigné 和 Bader, 1981）。Williams 和 Darby（1992）提出一种在悬浮物存在时用靛青法测定溶解态臭氧的方法。但是，如果有其他化合物存在，例如油，则不能使用这种方法（Kornmüller, 1997b）。即使根据均相油/水乳液的浊度对这种方法进行修正，用靛青法也无法得到可靠的结果。但是，对这种方法进行了成功的修正后，可以用于测定碳氟化合物存在时的溶解态臭氧（Bhattacharyya, 1995）。

当使用电流电极技术进行测量时，溶质和溶剂会产生干扰。溶质和溶剂会吸附在电极的半透膜上，给臭氧通过半透膜向电解质室扩散带来额外的阻力。对于含有颗粒物的水，不推荐使用电流电极。在这种情况下，臭氧的消耗量只能通过臭氧气体平衡来计算。

确定实验步骤：在三相体系中保持样品均匀非常重要，如果样品均匀，可在反应器的不同高度进行采样。在分析过程中必须保证样品均匀，例如，在测定水/溶剂体系 TOC 时，必须进行搅拌。如果要分析水相和溶剂相的化合物，选择的两相分离方法必须是重现性好、分离效率高。对于水/固体系，通常采用过滤的方法。由于臭氧在溶剂中溶解度高，故采样之后必须终止臭氧的进一步反应（B1.2）。

分析数据和评估结果：在进行氧化实验之前，应检查在用氧气或空气曝气时化合物的物料平衡，以排除其他的损失过程。例如，在洗气瓶中，用水或其他适当的液体吸收排出气体，可以检测化合物的气提。

在用臭氧转化化合物之前，必须检查三相中化合物的浓度。某一相中化合物浓度的降低可能不是由氧化引起的，而是由于分配而进入了另一相。

6.4 臭氧氧化和生物降解

生物处理常常是去除有机污染物最便宜和最有效的方法。许多污染物能通过微生物处理完全降解（矿化），而许多物理化学过程只是将污染物浓缩，或者将它们从一种介质中转移到另一种介质中，它们在环境中的最终归属是不清楚的。很遗憾的是，不是所有的化合物都能生物降解。生物难降解污染物的氧化产物则很容易生物降解，因此处理过程常常是化学法与生物法相结合。在必须使用化学氧化工艺时，化学法与生物法联合使用的目的是将氧化剂投加量降到最低，降低运行成本。

6.4.1 原理和目的

如果单独使用化学法或生物法不能达到下列目的，或者要以低成本达到处理要求时，就要使用组合的方法。

- 转化饮用水或去除废水中有毒或难降解化合物。
- 增加矿化度，按照立法部门要求，尽可能完全去除溶解性有机碳（DOC）。

组合使用两种过程是为了利用各过程的优势：生物难降解但容易臭氧氧化的物质（例如芳香烃）经部分臭氧氧化后，产生的副产物比原来化合物更容易生物降解，例如难臭氧氧化的低分子酸。

DOC 和生物难降解物质随臭氧单位投加量变化的典型曲线表明，生物可降解组分的含量随臭氧单位投加量增加而不断增加，直到达到一个最大值。如果进一步氧化，生物可降解组分含量将降低（见图 6-2）。这是一个最优化的问题：必须使这些化合物能够生物降解，但在化学氧化阶段必须把矿化度降到最低。

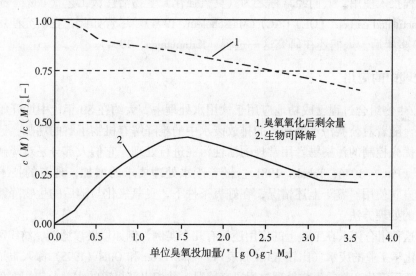

图 6-2 间歇式体系中模型污染物 M 臭氧氧化过程中残留 DOC（1）和生物可降解 DOC（2）随臭氧投加量变化的典型曲线

利用低成本的生物处理法代替进一步氧化的方法去除氧化产物，可以降低运行成本。在组合过程中不断对微生物进行驯化，适应氧化产物，能进一步降低所需臭氧量。研究人员已经在实验室观察到这种现象（Stern, 1995, 1996）。

在饮用水处理过程中，组合过程一般是以臭氧氧化和随后的活性炭吸附塔内固定生物膜处理为基础的。在这种方法中，生物降解有助于吸附，使活性炭再生周期延长，这样就增加了这一过程经济可行性。类似的处理方案也可应用于废水处理。实验证明固体床生物膜对于去除生物降解比较慢的氧化产物是非常有利的。生物膜无论是悬浮的还是固定的，设计的废水处理反应器必须具有很大的生物体容量。

6.4.2 现有过程

饮用水应用

在生物处理前进行臭氧氧化的方法来源于饮用水处理的研究，在后者中臭氧氧化用来去除微量有机物。因为在每一种情况下，单独使用臭氧并不能达到浓度很低的污染物排放标准，所以活性炭生物膜单元常常安装在臭氧氧化之后（Rice, 1981）。这样活性炭运行周期就非常长，可以节省大量的成本。在实际应用中，对去除单元进行详细检测结果证明，生物降解有利于延长运行周期。

基于这种观察结果，自70年代后期以来，在饮用水处理领域已经有几百套化学/生物组合过程投入使用，人们经常称之为（臭氧强化）生物活性炭工艺（(ozone enhanced) biological activated carbon, (OE) BAC）（Masschelein, 1994）。尽管如此，在研究使用这一工艺长达20多年后，人们还在研究这一过程（Kainulainen, 1994）。

在废水处理中的应用

化学/生物组合过程已成功地应用于饮用水处理中，大约在80年代中期开始应用于废水处理。随着对公共污水处理厂的排放废水中的难降解有机物了解的增加，已经确定了一系列优先控制的污染物。用常规的活性污泥进行处理，它们大部分是难降解或几乎不降解的（Pitter, 1976; Tabak, 1981）。随着废水处理要求的增加，现有的技术必须以新的组合方式使用。鉴于上述情况，在好氧条件下，臭氧氧化与随后的生物降解工艺组合是可行的处理方法。

目前这种组合体系在工业上的应用还只有几个实例，例如垃圾渗滤液、纺织废水、纸浆漂白及化学工业的废水（比较A3.4和表A3-3）。Scott和Oills（1995）深入报道了化学氧化法和随后氧化产物的生物处理过程研究状况，并指出已报道的大部分应用案例都是实验室规模的间歇处理过程。他们对大量的有机化合物进行了研究。Gilbert（1987）对28种取代芳烃的综合研究表明芳烃的转化率为100%，即COD去除率为55%~70%，DOC去除率30%~40%，氧化过程也使生物降解性更好。生物降解性可用化学处理后的 BOD_5/COD 的比值来确定。如果生物降解性好，比值大约在 $0.4\pm0.1g\ BOD_5\ g^{-1}\ COD$ 或者更高。

在近五年中，在研究两步连续处理工艺（臭氧-生物）同时，对于连续式集合处理工艺（臭氧-生物+臭氧-生物+…）的研究也在不断发展，在集合处理过程中废水在两步连续处理过程中循环（Heinzle, 1992, 1995; Stern, 1995, 1996）。可以用多级连续处理过程构成与集合处理过程相似的过程，这样可以使化学处理和生物处理重复2-3次，每次都使用前一级处理过的液体（Jochimsen, 1997; Kaiser, 1996; Karrer, 1997）。

几项集合处理过程的研究证明，其效果优于连续处理过程，单位DOC的去除率所需的臭氧量也更低。Stockinger用两种方法处理氯代苯和硝基苯，发现如果使用集合处理过程，DOC的总去除率从50%左右增加到75%~95%，臭氧投加量为 $3.5\sim6.0\ g\ O_3\ g^{-1}$ DOC_0。在处理垃圾渗滤液时，可以得到类似的结果，臭氧投加量为 $1.6\sim3.0\ g\ O_3\ g^{-1}$ COD_0，COD去除率达到75%，而臭氧消耗量降低20%（Steensen, 1996）。一般循环次数在1-2和3-4之间。更高的循环次数不会产生更好的效果。图6-3列出了各种处理过程的类型。

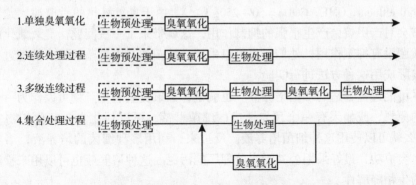

图6-3 生物预处理后可能的化学/生物处理流程图

在某些情况下，延长系统的运行时间，可以使生物体适应污水中难处理的化合物，或者起初认为是难降解的化合物。这样可以去除大部分，或全部去除这类化合物，例如3-甲基嘧啶，而且所需的臭氧量也会降低（Stern, 1996）。但是这种方法取决于要氧化的底物，例如对5-乙基-3-甲基嘧啶(Stern, 1996)、4-硝基苯胺(Langlais, 1989; Saupe, 1997)和2,4-二硝基甲苯(Saupe 和 Wiesmann, 1996, 1998)，微生物就无法适应。

6.4.3 实验设计

体系的确定：

- 水或废水的类型：
  — 为了只处理水和废水中生物难降解和/或有毒的物质，要检测原水的生物可降解性。
  — 对水和废水中的主要化合物的可能氧化产物、测定方法及生物可降解性进行理论分析。

生物体的选择：
- 耗氧或厌氧工艺。
- 混合或单一的细菌种群。
- 对氧化产物使用驯化还是未驯化的生物体进行处理。

常用的方法是用未驯化耗氧复合菌群降解氧化产物。使用好氧处理的部分原因是，由于采用空气/臭氧或氧气/臭氧进行化学处理，从而水中富含氧气。对于高负荷的废水，也可以使用厌氧处理工艺，因为大部分臭氧氧化产物是低分子量有机酸，在无氧环境中也能生物降解。Andreozzi 等（1998）就是采用这种工艺处理高浓度橄榄油加工厂废水（oil mill effluent, OME, $COD_0 = 50 - 250 g L^{-1}$）。由于臭氧氧化的橄榄油，尤其是对羟基苯甲酸会对产甲烷菌产生很强的抑制作用，这就带来了一些问题。臭氧氧化的混合产物对产酸菌没有抑制作用，他们提出可以采用产酸菌和产甲烷菌的两步处理过程，但他们没有实际应用这种方法进行实验。

要尽可能选择合适的细菌培养液。也就是，如果臭氧氧化产物可以作为一个现有处理过程的原料，或如果有一个预先适应的细菌群落，可以消化主要氧化产物（如果已知），那么就可以使用这种细菌培养液。反过来，利用多种细菌的培养液，培养适应性的群落也会成功，最好采用公共污水处理厂的污泥。这种培养液也可以用来检测臭氧氧化产物的生物降解性。

要使生物体适应氧化产物基本上是可以做到的。由于在达到适应性之前，并不知道这个过程持续多长时间，甚至，实验室进行的工作可能令人无法满意。在几项研究中已报道，如果适应性好，在达到同样的去除率情况下，价格昂贵的臭氧消耗量会大幅度降低，或用同样的臭氧消耗量会达到更高的 DOC 去除率。目前在上述组合体系中可以采用间歇处理工艺（Jones，1985；Moerman 等，1994）或连续处理工艺（Stockinger，1995；Stren 等，1996）。

反应体系的选择：
- 絮状生物体或固定在载体上的生物膜
- 如果采用固定方式，选择悬浮或固定床反应器

- 间歇式或连续式过程
- 串联式或集合式两步过程

推荐使用固定生物膜体系，因为氧化产物的生物降解速度常常很慢。使用载体，生物体，尤其是缓慢生长的微生物，能有效地保留在体系中。在液相完全混合的连续运行体系中，这尤其重要。在这种体系中，如果水力停留时间小于或等于种群倍增时间（即单位增长速率的倒数）（Grady, 1985），悬浮的生物体将被冲洗出反应器。在几项研究中已经使用了聚氨酯泡沫（Moerman, 1994; Jochimsen, 1997）或石英砂（Stern, 1995, 1996; Heinzle, 1995; Saupe 和 Wiesmann, 1998）作为固定材料。

在实验室研究中使用连续式小型固定床生物反应器具有一定的优点。这种反应器容易操作，只需要少量要氧化的底物，并可评估生物系统中的一些重要的运行参数。例如，可以使生物体的浓度很高，并可计算体系的生物降解速率（r_{DOC}）。小型连续式生物反应器已经成功地应用于几种硝基芳烃的耗氧生物矿化处理，这些物质一直被认为是不能生物降解的，例如：2,4-硝基甲苯（DNT）、2,6-DNT、3-硝基苯胺和4-硝基苯胺、2,4-二硝基苯酚（Saupe, 1999）和 4,6-二硝基甲酚（DNOC）（Gisi 等, 1997; Saupe, 1999）。对于4-硝基苯胺和2,4-二硝基苯酚，生物降解速率分别高达 2.0 和 1.6 kg DOC m^{-3} h^{-1}，总 DOC 的去除率也很高（>85%）。在所有这些实验中，混合培养的生物体在转移到连续体系之前，已经在间歇式体系中进行了预适应过程。

然而，在实验室进行多级串连化学/生物处理间歇实验时，通常用悬浮生物体来测定 DOC 中生物可降解份额，因为这样很容易控制和测定每次加入生物体的量（实际上是不可能流失的）（Karrer 等, 1997; Jochimsen, 1997）。在大多数情况下，如果此前没有进行间歇实验，最好不要采用连续式串连臭氧氧化/生物降解方式运行。

有时在两级过程中，可以同时采用间歇和连续式模式，每一级可以实施不同的运行。利用储水池进行两级处理是很容易的。对于集合循环处理过程，采用间歇式和连续式运行模式则不太容易，但是可进行一些改进。

分析方法的选择：
- 氧化产物的测定（化学分析）（见 B1.2 和 B2.5）
- 生物降解性的测定（化学分析）：Grady（1985）对生物可降解性的定义和测定方法进行了很好的综述。实际上，有两种生物降解性的测定方法通常用于检测较高 DOC 含量的废水：
- —测定由生物活性引起的矿化程度，例如，通过评估某段时间内溶解性 DOC 的去除效果，例如 5 天（相当于 BOD$_5$）和 28 天（生物可降解性试验）（Zahn-Wellens-Test; DIN EN 29 888, 1993）。

——评估生物需氧量，即经常采用的 5 天操作方法（BOD_5），但也可以延长测试时间。

上述两种方法中，都使用了未适应的生物体。在处理饮用水时，研究出了多种测定可同化有机碳（AOC）的方法。对一个生物降解过程，测定 DOC 去除效果要优于测定 BOD_5 的方法。这种方法与化学氧化过程一样，降解效果也采用相同的单位表示。生物矿化过程得以量化，并可以与化学氧化的矿化作用进行对比。然而，不仅在 Gilbert（1987）的早期工作中采用了测定 BOD_5 的方法，而且在 Karrer 等人最近的研究中（1997）也使用了这种方法。在 Karrer 的研究中，为了确定含有难生物降解化合物的废水是否可以在连续式集合过程应用，他们提出了采用多级序列化学/生物组合的间歇式处理装置进行实验室可行性研究。

- **毒性测定（生物分析）**：在废水的化学/生物处理中，很少进行毒性变化的评估。只是在最近几年，有关毒性测试的应用报道日渐增多（如 Dichl, 1995; Moerman 等, 1994; Jochimsen, 1997; Sosath, 1999）。Moerman 等人（1994）指出，在化学/生物组合处理过程中整个过程中"毒性平衡"非常重要。单纯评估臭氧氧化作用是远远不够的（A1）。

实验步骤的确定：在设计实验步骤时，对于化学阶段和生物阶段都要重视，不仅仅是单独考虑每个阶段，更要将二者匹配。本节主要强调生物过程。下面的建议有益于避免一些常见的问题：

间歇式操作：生物阶段的间歇式运行要求考虑下列问题：
- 在实验开始前确认生物体是活性的，并且没有受到不良存储条件的影响（例如，高温、饥饿、溶菌）。
- 确保在一系列间歇臭氧氧化以后，在每个生物降解测试瓶中使用同一接种液。
- 注意加入的含有接种体的废水 DOC 浓度应该远远低于臭氧氧化溶液的 DOC 浓度。否则将很难区分原始 DOC，也很难追踪氧化产物的矿化程度。
- 根据每次试验边界条件，测试时间可以根据 Zahn – Wellens 标准或 BOD_5 有所变动。但是，进行操作时应十分小心，以便得到的结果与文献中的数据具有可比性。

在开始任何一次连续式实验之前，建议进行间歇实验，使用集合体系时尤其要这样。例如，针对连续化学/生物多级处理工艺，Karrer 等（1997）提出了一种间歇式"可行性实验"方法。标准化测试方法具有实验快速、操作简便，而可信度高的特点，可用于粗略估计一个组合过程的成本。在考虑了化学处理工艺中被部分氧化和随后进行生物降解的 COD 后，其他研究人员也提出了类似的方法（Jochimsen，1997；Jochimsen 和 Jekel，1996；Kaiser，1996）。

在连续式模式下运行化学/生物过程时，防止高浓度臭氧（气态或液态）进入生物阶段是很重要的。不论是连续式或集合式过程，臭氧至少能够部分杀死（氧化）生物体。这反过来会导致生物过程减慢甚至完全停止。在集合过程中，由于被破坏生物体产生的有机碳会转移至化学阶段中，将引起额外的或完全无效的臭氧消耗（Stern 等，1995；Karrer 等，1997）。因此，建立一个可以有效防止这些问题的体系是非常重要的。为防止臭氧气体进入生物阶段，在连续式体系的两个反应器之间，可以安装一个气压均衡器或气阱，这种运行方式非常成功（Saupe 和 Wiesmann，1998）。另一个方法是在集合过程中，自动控制溶解态臭氧的浓度接近于零（Stockinger，1995）。

在连续式串联组合实验中，决定速率的步骤通常是生物阶段。为了提高实验的适应性或缩短整个实验时间，单独的间歇式或连续式臭氧反应器可以与一个或多个连续式生物反应器间接组合。根据间歇式生物实验的缺点（底物浓度发生改变，引起底物从降解过程转变为自消化过程，而生物体不会产生适应性），必须考虑到随着时间和生物体数量的变化，细菌群落在生物反应器之间的变化。

无论是对于连续式（CF, continuous-flow）还是对间歇式（B, batch）臭氧氧化，整个体系都应该按照下列步骤运行：

- 在所需的运行条件下进行臭氧氧化，直至搜集到足量的出水（CF）或达到所需的臭氧投加量（B）→将出水储存于贮存池中（阴凉，黑暗）→加入到连续式小型固定床生物反应器中。

这样可以使臭氧反应器独立运行，在一天内能够在许多不同的运行条件下，得到浓度种类不同的氧化产物。在几天或几周内，可以将每次运行产生的氧化物投加到不同的生物反应器中。这样做的目的是为了对整个组合过程的去除效果进行优化。也可以同时使用多个并联生物反应器，对同样进水的水力停留时间进行优化，以便提高生物降解速率。

与直接组合工艺相比，利用这种方式进行实验所需的总时间可以缩短。但是，必须注意，在储存过程中，氧化产物不能由于化学的、物理的和未无法检测的生物过程引起变化。

数据分析：用臭氧和生物降解组合过程处理水和废水，主要目的在于达到很高总 DOC 去除率（如≥85%）。一般而言，不仅仅要强调总的去除率，而且要强调每个阶段的去除率。必须在计算每个阶段的去除率时，如整个系统的进水浓度与每个阶段的进水浓度，确切说明参考指标。

最好把所有的实验结果作为臭氧单位投加量，或相关数据，例如臭氧单位吸收量或单位消耗量的函数进行评估。另外，臭氧收益率（表示从气相吸收到液体中的臭氧与臭氧氧化去除的 DOC 或整个体系去除 DOC 的比值（参阅 B1）也经常用来评估实验结果。

评估结果： 在臭氧氧化和生物降解的组合工艺中，可采用几种方法使臭氧的消耗量最小。例如，必须考虑到间歇式和连续式体系中不同的运行方式产生的氧化产物也不同，而且对每一个处理过程，多级体系要比单级体系更有优势。

- **方法 1：** 通过提高连续式臭氧氧化中处理阶段的数量或者选择间歇式臭氧氧化来提高臭氧效率。
- **方法 2：** 用连续式管式反应器进行臭氧氧化，以达到或接近于间歇式氧化的效率和产物。
- **方法 3：** 在臭氧单位加料速率 $F(O_3)^*$（$F(O_3)^*$ 是 $F(O_3)/c(DOC)_0$ 比值）低的情况下，运行集合（循环）处理过程。
- **方法 4：** 利用多序列化学/生物间歇处理过程，或者利用序批式反应器（SBR，sequencing batch reactor）可以近似模拟连续式集合过程。

在实验室，间歇式臭氧氧化是很容易实施的，而多级连续式体系很难操作（方法1）。然而，由于液体流量大，这对许多工业应用也是如此。在废水臭氧氧化中，通常三个氧化反应器串连（参见表 A3-3）。由于轴向/纵向混合作用，多级连续式搅拌池反应器（CFSTR）体系，甚至间歇式体系，要比单个的完全混合搅拌池反应器（CSTR）的反应速率更快。

方法 2 具有了方法 1 的优点，另外在连续式管式反应器中，同样可以达到间歇式臭氧氧化体系中很快的反应速率（Sunder 和 Hempel，1996；Levenspiel，1972）。在连续投加气态臭氧时，有必要进行更多的研究以确定这种反应器对于更高负荷废水的处理效率。

在臭氧单位投加量很低的情况下运行集合（循环）工艺（方法 3），意味着向（单级）臭氧反应器加入的臭氧量尽可能少，从而几乎所有臭氧气体都消耗掉了。臭氧单位吸收量接近于臭氧的单位投加量，臭氧的利用效率达到 $\eta_{O_3} \approx 100\%$。一般来讲，当污染物浓度较低时臭氧反应速率较慢（去除率高时，确实如此），臭氧的消耗速率（氧化速率）$r(O_3)$ 很低，因此只有臭氧加料速率相对较低时才可行。

在确定的去除率下，多级或序批式反应工艺（SBR）（方法 4）可以用来降低臭氧消耗量。化合物每次通过化学处理阶段时都会被部分氧化，但几乎没有发生矿化。可生物降解的氧化产物在被化学矿化之前，就被输送到生物处理阶段。

在实验室，已经成功地将这种方法应用于处理高负荷制革废水（Jochimsen，1997）。图6-4说明了一个定性的案例，将剩余的DOC浓度（或DOC去除率）作为臭氧单位吸收量的函数来对实验过程进行评估。

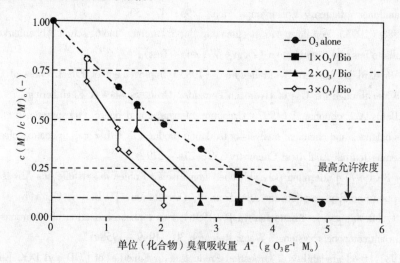

图6-4 多级化学/生物间歇式处理过程的典型降解曲线
$(c(DOC)_t/(DOC)_0)$（Jochimsen，1997）

参考文献

Andreozzi R, Longo G, Majone M, Modesti G (1998) Integrated treatment of olive oil mill effluents (OME): Study of ozonation coupled with anaerobic digestion, Water Research 32: 2357 – 2364.

Baerns M, Hofmann H, Renken A (1992) Chemische Reaktionstechnik Lehrbuch der Technischen Chemie Band 1, Georg Thieme Verlag Stuttgart New York.

Bailey P S (1958) The reaction of ozone with organic compounds, Chemical Review 58: 925 – 1010.

Battino R (ed.) (1981) Oxygen and Ozone. IUPAC Solubility Data Series, Vol. 7.

Battino R, Rettich T R, Tominaga T (1983) The Solubility of Oxygen and Ozone in liquids, Journal of Physical Chemical References Data 12: 163 – 178.

Bhattacharyya D, Van Dierdonck T F, West S D, Freshour A R (1995) Two – phase ozonation of chlorinated organics, Journal of Hazardous Materials 41: 73 – 93.

Brunet R, Bourbigot M M, Doré M (1984) Oxidation of Organic Compounds through the Combination Ozone – Hydrogen Peroxide, Ozone Science & Engineering, 6: 163 – 183.

Camel V, Bermond A (1998) The Use of Ozone and Associated Oxidation Processes in Drinking Water Treatment, Water Research 32: 3208 – 3222.

Collignon A, Martin G, Martin N, Laplanche A (1994) Bulking reduced with the use of ozone – Study of the mechanism of action versus bacteria, Ozone Science & Engineering 16: 385 – 402.

Criegee, R. (1995) Die Ozonolyse, Chemie in unserer Zeit 7: 75 – 81.

Diehl K, Hagendorf U, Hahn J (1995) Biotests zur Beurteilung der Reinigungsleistung von Deponiesickerwasserbehandlungsverfahren , Ehtsorgungs Praxis 3/95: 47 – 50.

DIN EN 29 888 (1993) Verfahren zur Bestimmung der inhärenten biologischen Abbaubarkeit von Abwasserinhallsstoffen und Chemikalien (Zahn – Wellens – Test).

Duguet J P, Brodard E, Dussert B, Malleville J (1985) Improvement of Effectiveness of Ozonation in Drinking Water through the Use of Hydrogen Peroxide, Ozone Science & Engineering, 7: 241 – 258.

Eberius M, Berns A, Schuphan I (1997) Ozonation of pyrene and benzo (a) pyrene in silica and soil – ^{14}Cmass balances and chemical analysis of oxidation products as a first step to ecotoxicological evaluation, Fresenius Journal Analytical Chemistry 359: 274 – 279.

Eichenmüller B (1997) Entfernung polyzyklischer aromatischer Kohlenwasserstoffe aus Abwässern: Seliktive Adsorption und Regeneration der Adsorbentien, Dissertation. TU Berlin, Germany.

Freshour A R, Mawhinney S, Bhattacharyya D (1996) Two – phase ozonation of hazardous organics in single and multicomponent systems, Water Research 30: 1949 – 1958.

Gilbert E (1987) Biodegradability of Ozonation Products as a Function of COD and DOC Elimination by Example of Substituted Aromatic Substances, Water Research 21: 1273 – 1278.

Gise P, Blanchard R (1998) Modern Semiconductor Fabrication, Englewood Cliffs, New Jersey.

Gisi D, Stucki G, Hanselmann K W (1997) Biodegradation of the pesticide 4, 6 – dinitro – ortho – cresol by microorganisms in batch cultures and in fixed – bed column reactors, Applied Microbiology & Biotechnology 48: 441 – 448.

Glaze W H, Kang J – W (1998) Advanced oxidation processes for treating groundwater contaminated with TCE and PCE: Laboratory Studies, Journal American Water Works Association 80: 57 – 63.

Glaze W H, Kang J – W, Chapin D H (1987) The Chemistry of Water Treatment Processes Involving Ozone, Hydrogen Peroxide and Ultraviolet Radiation, Ozone, Science & Engineering 9: 335 – 352.

Glaze W H, Peyton G R, Lin S, Huang F Y, Burleson J L (1982) Destruction of Pollutants in Water with Ozone in Combination with Ultraviolet Radiation. 2. Natural Trihalomethane Precursors, Environmental Science & Technology, 16: 454 – 458.

Grady C P L Jr. (1985) Biodegradation: Its Measurement and Microbiological Basis, Biotechnology & Bioengineering 27: 660 – 674.

Guha A K, Shanbhag P V, Sirkar K K, Vaccari D A, Trivedi D H (1995) Multiphase Ozonolysis of Organics in Wastewater by a Novel Membrane Reactor, American Institute of Chemical Engineers Journal 41: 1998 – 2012.

Heinzle E, Geiger F, Fahmy M, Kut O M (1992) Integrated Ozone – Biotreatment of Pulp Bleaching Effluents Containing Chlorinated Phenolic Compounds, Biotechnology Progress 8: 67 – 77.

Heinzle E, Stockinger H, Stern M, Fahmy M, Kut O M (1995) Combined Biological – Chemical (Ozone) Treatment of Wastewaters Containing Chloroguaiacols, Journal of Chemical and Technical Biotechnology 62: 241 – 252.

Heyns M M, Anderson N, Cornelissen I, Crossley A, Daniels M, Depas M, De Gendt S, Gräf D, Fyen W, Hurd T, Knotter M, Lubbers A, McGeary M J, Mertens P W, Meuris M, Mouche L, Nigam T, Schaekers M, Schmidt H, Snee P, Sofield C J, Sprey H, Teerlink I, Van Hoeymissen J A B, Vermeire B, Vos R, Wilhelm R, Wolke K, Zahka J (1997) New Process developments for improved ultra – thin gate reliability and reduced ESH – impact, 3rd Annual Microelectronics and the Environment Forum, Semicon Europe, April 15.

Heyns M, Mertens P W, Ruzyllo J, Lee M Y M (1999) Advanced wet and dry cleaning coming together for next generation, Solid State Technology 42: 37 – 47.

Hoigné J, Bader H (1981) Determination of Ozone in Water by the Indigo Method, Water Research 15: 449 – 456.

Jekel M R (1982) Biological Drinking Water Treatment System Involving Ozone, Chapter 10: 151 – 175 in: Handbook of Ozone Technology and Applications Vol. II, Ozone for Drinking Water Treatment Rice R G and Netzer A (Editors), Ann Arbor MI.

Jekel M R (1988) Effects and mechanisms involved in preoxidation and particle separation processes, Water, Science & Technology 37: 1 – 7.

Jochimsen J C (1997) Einsatz von Oxidationsverfahren bei der kombinierten chemisch – oxidation und aeroben biologischen Behandlung von Gerbereiabwässern, VDI – Fortschritt – Berichte Reihe 15 (Umwelttechnik) Nr. 190, VDI – Verlag Düsseldorf.

Jochimsen J C, Jekel M (1996) Partial oxidation effects during the combined oxidative and biological treatment of separated streams of tannery wastewater, in: Clausthaler Umwelt – Akademie: Oxidation of Water and Wastewater, A Vogelpohl (Hrsg.), Goslar 20. – 22. Mai 1996.

Jones B M, Saakaji R H, Daughton C G (1985) Effects of Ozonation and Ultraviolet Irradiation on Biodegradability of Oil Shale Wastewater Organic Solutes, Water Research 19: 1421 – 1428.

Kainulainen T, Tuhkanen T, Vartiainen T, Kalliokoski P (1994) Removal of residual organic matter from drinking water by ozonation and biologically activated carbon, in: Ozone in water and wastewater Treatment: Vol. 2Proceedings of the 11th Ozone World Congress Aug. /Sept. 1993, San Francisco CA, S – 17 – 88 – S – 17 – 89.

Kaiser R (1996) Wastewater treatment by Combination of Chemical Oxidation and Biological Processes in: Clausthaler Umwelt – Akademie, Oxidation of Water and Wastewater, Vogelpohl (Ed.), Goslar 20 – 22 Mai 1996.

Kamiya T, Hirotsuji J (1998) New combined system of biological process and intermittent ozonatin for advanced wastewater treatment, Water, Science & Technology 38: 145 – 153.

Kanetaka H, Kujime T, Yazaki H, Kezuka T, Ohmi T (1998) Influence of the dissolved gas in cleaning solution on silicon wafer cleaning efficiency, Solid State Phenomena 43: 65 – 66.

Kaptijn J P (1997) The Ecoclear® Process. Results from Full – scale Installations, Ozone, Science & Engineering 19: 297 – 305.

Karrer N J, Ryhiner G, Heinzle E (1997) Applicability test for combined biological – chemical treatment of wastewaters containing biorefractory compounds, Water Research 31: 1013 – 1020.

Kern W (1999) Silicon Wafer Cleaning: A Basic Review. SCP Global Technologies, 6th International Symposium, May 11, Boise, Idaho.

Kern W, Puotinen D A (1970) Cleaning solutions based on hydrogen peroxide for use in silicon semiconductor Technology, RCA Review 31: 187 – 206.

Kornmüller A, Cuno M, Wiesmann U (1996) Ozonation of oil/water – emulsions containing polycyclic aromatic hydrocarbons. International Conference "Analysis and utilization of oily wastes", AUZO'96, Proceedings, Vol. 1, Technical University of Gdansk, Poland.

Kornmüller A, Guno M, Wiesmann U (1997 a) Ozonation of polycyclic aromatic hydrocarbons in synthetic oil/water – emulsions, International Conference on Ozonation and related Oxidation Processes in Water and liquid Waste Treatment, International Ozone Association, European – African Group, Wasser Berlin 1997, April 21 – 23.

Kornmüller A, Guno M, Wiesmann U (1997 b) Selective ozonation of polycyclic aromatic hydrocarbons in oil/water – emulsions, Water, Science & Technology 35: 57 – 64.

Kornmüller A, Wiesmann U (1999) Continuous ozonation of polycyclic aromatic hydrocarbons in oil/water – emulsions and biodegradation of oxidation products. Water. Science & Technology 40: 107 – 114.

Langlais B, Cucurou Y A, Capdeville B and Roques H (1989) Improvement of a Biological Treatment by Prior Ozonation, Ozone Science & Engineering 11: 155 – 168.

Leeuwen J van (1992) A review of the potential application of non – specific activated sludge bulking control, Water SA 18: 101 – 105.

Levenspiel O (1972) Chemical Reaction Engineering, 2nd Edition, John Wiley & Sons, New York.

Masschelein W J (1994) Towards one century application of ozone in water treatment – scope, limitations and perspectives, in: A K Bĺn (ed.): Proceedings of the International Ozone Symposium "Application of Ozone in Water and Wastewater Treatment", Warsaw, Poland, May 26 – 27.

Moerman W H, Bamelis D R, Vergote P M, Van Holle P M et al. (1994) Ozonation of Activated Sludge Treated Carbonization Wastewater, Water Research 28: 1791 – 1798.

Mourand J T, Crittenden J C, Hand D W, Perram D L, Notthakun S (1995) Regeneration of spent adsorbents using homogeneous advanced oxidation, Water Environmental & Research 67: 355 – 363.

Ohlenbusch G, Hesse S, Frimmel F H (1998) Effects of ozone treatment on the soil organic matter on contaminated sites, Chemosphere 37: 1557 – 1569.

Ohmi T (1998) General introduction to ultra clean processing, UCPSS, Tutorials, 20. September, Oostende Belgium.

Paillard H, Brunet R, Dore M (1988) Optimum conditions for application of the ozone – hydrogen peroxide oxidizing system, Water Research 22: 91 – 103.

Paillard H, Ciba N, Mattin N, Hotelier J (1992) Elimination des pesticides par oxidation: comparaison des systèmes O_3, O_3/H_2O_2, O_3/UV et H_2O_2/UV, in Proceedings of the 10th Journées Informations eaux. Poitiers, France, 23. – 25 Septembre 1:13.1 – 13.10.

Paillard H, Cleret D, Bourbigot M M (1990) Elimination des pesticides par oyxdation et par adsorption sur charbon actif, in Proceedings of the 9th Journées Informations eaux. Poitiers, France, 26 – 28 Septembre 1: 12.1 – 12.15.

Pettinger K – H (1992) Entwicklung und Untersuchung eines Verfahrens zum Atrazinabbau in Trinkwasser mittels UV – aktiviertem Wasserstoffperoxid, Thesis, Fakultät für Chemie, Biologie und Geowissenschaften, Technische Universität München.

Peyton G R (1990) Oxidative Treatment Methods for Removal of Organic Compounds from Drinking Water Supplies, in Significance and Treatment of Volatile Organic Compounds in Water Supplies, Ram N M, Chrisman R F, Cantor K P, Lewis Publisher, Michigan.

Peyton G R, Huang F Y, Burleson J L, Glaze W H (1982) Destruction of Pollutants in Water with Ozone in Combination with Ultraviolet Radiation. 1. General Principles and Oxidation of Tetrachloroethylene, Environmental Science & Technology 16: 448 – 453.

Pitter P (1976) Determination of Biological Degradability of Organic Substances, Water Research 16: 231 – 235.

Prados M, Roche P, Allemane H (1995) State – of – the – art in pesticide oxidation field, Proceedings of the 12th Ozone World Congress, Lille, France 99 – 113.

Prengle H W, Hewes C G, Mauk C E (1975) Oxidation of refractory organic materials by ozone and ultraviolet light, in Proceedings, 2nd International Symposium for Water Treatment, Montreal, Canada, May 224 – 252.

Rice R G (1981) Ozone Treatment of Industrial Wastewater, Section 7 Biological Activated Carbon: 332 – 371, ISBN 0 – 8155 – 0867 – 0 USA.

Sakai Y, Fukase T, Yasui H, Shibata M (1997) An activated sludge process without excess sludge production, Water, Science & Technology 36: 163 – 170.

Saupe A (1997) Sequentielle chemisch – biologische Behandlung von Modellabwässern mit 2, 4 – Dinitrotoluol, 4 – Nitroanilin und 2, 6 – Dimethylphenol unter Einsatz von Ozon, VDI – Fortschritt – Berichte Reihe 15 (Umwelttechnik) Nr. 189, VDI – Verlag Düsseldorf.

Saupe A (1999) High – Rate Biodegradation of 3 – and 4 – Nitroaniline, Chemosphere 37: 2325 – 2346.

Saupe A and Wiesmann U (1998) Ozonization of 2, 4 – dinitrotoluene and 4 – nitroaniline as well as improved dissolved organic carbon removal by sequential ozonization – biodegradation, Water Environment Research 70: 145 – 154.

Saayman G B, Schutte C F, Leeuwen J van (1996) The effect of chemical bulking control on biological nutrient removal in a full scale activated sludge plant, Water, Science & Technology 34: 275 – 282.

Scheminski A, Krull R, Hempel D C (1999) Oxidative Treatment of Digested Sewage Sludge with Ozone. Proceedings of the Conference "Disposal and Utilisation of Sewage Sludge: Treatment Methods and Application Modalities", IAWQ, 13 – 15 October, Athens, 241 – 248.

Scott J P and Ollis D F (1995) Integration of Chemical and Biological Oxidation Processes for Water Treatment: Review and Recommendations, Environmental Progress 14: 88 – 103.

Shanbhag P V, Guha A K, Sirkar K K (1996) Membrane – based integrated absorption – oxidation reactor for destroying VOCs in air. Environmental Science & Technology 30: 3435 – 3440.

Sosath F (1999) Biologisch – chemische Behandlung von Abwässern der Textilfäberei, Dissertation am Fachbereich Verfahrenstechnik, Umwelttechnik, Werkstoffwissenschaften der Technischen Universität Berlin, Berlin.

Staehelin J, Hoigné J (1982) Decomposition of Ozone in Water: Rate of Initiation by Hydroxide Ion and Hydrogen Peroxide, Environmental Science & Technology 16: 676 – 681.

Steensen M (1996) Chemical Oxidation for the Treatment of Leachate – Process Comparison and Results from Fullscale Plants in: Clausthaler Umwelt – Akademie: Oxidation of Water and Wastewater, A Vogelpohl (Hrsg.), Goslar 20. – 22. Mai. 1996.

Stern M, Heinzle E, Kut O M, Hungerbühler K (1996) Removal of Substituted Pyridines by Combined Ozonation/Fluidized Bed Biofilm Treatment in: Clausthaler Umwelt – Akademie Oxidation of Water and Wastewater, A. Vogelpohl (Hrsg.), Goslar 20. – 22. Mai. 1996

Stern M, Ramval M, Kut O M, Heinzle E (1995) Adaptation of a mixed culture during the biological treatment of p – toluenesulfonate assisted by ozone, 7th European Congress on Biotechnology Nice February 19 – 23. 1995.

Stich F A, Bhattacharyya D (1987) Ozonolysis of Organic Compounds in a Two – Phase Fluorocarbon – Water System, Environmental Progress 6: 224 – 229.

Stockinger H (1995) Removal of Biorefractory Pollutants in Wastewater by Combined Biotreatment – Ozonation, Dissertation ETH No. 11063, Zurich.

Sunder M, Hempel D C (1996) Adsorption of humic substances onto β – FeOOH and its chemical regeneration. Conference Proceedings of the International IAWQ – IWSA Joint Specialist Conference on "Removal of humic substances from water", Ødegaard, H. (Ed.), Trondheim, Norway, 24. – 26. June 1999 (Water, Science & Technology, in press).

Wilke C R, Chang P (1995) Correlation of diffusion coefficients in dilute solutions, American Institute of

Chemical Engineers Journal 1: 264 – 270.

Williams M E, Darby J I (1992) Measuring Ozone by Indigo Method: Interference of Suspended Material, Journal of Environmental Engineering, 118: 988 – 993.

Wimmer B (1993) Metabolismus chlorierter 1, 3, 5 – Triazine bei der Trinkwasseraufbereitung mit UV – aktiviertem Wasserstoffperoxid, Thesis, Fakultät für Chemie, Fakultät für Chemie, Biologie und Geowissenschaften, Technische Universität München.

Yasui H, Nakamura K, Sakuma S, Iwasaki M, Sakai Y (1996) A full – scale operation of a novel activated sludge process without excess sludge production, Water, Science & Technology 34: 395 – 404.

术 语 表

符号（变量和常数）		单位
a	比表面积（测定体积的）	m^{-1} ($m^2 m^{-3}$)
A	总表面积	m^2
A^*	单位臭氧吸收	$g\ O_3\ g^{-1}\ DOC$
A'	频率因子	—
$c(A)$	化合物 A 的浓度	$mg\ L^{-1}$
c^*	饱和浓度	$mg\ L^{-1}$
c_G	气体浓度（反应器）	$mg\ L^{-1}$
c_{Go}	流入气体浓度	$mg\ L^{-1}$
c_{Ge}	流出气体浓度	$mg\ L^{-1}$
c_L	液体浓度（反应器）	$mg\ L^{-1}$
c_{Lo}	流入液体浓度	$mg\ L^{-1}$
c_{Le}	流出液体浓度	$mg\ L^{-1}$
d	直径	m
D	扩散系数	$m^2\ s^{-1}$
d_B	气泡直径	mm
d_R	反应器直径	m
E	传质加强因子	—
E_O	STP 电势	V
E_A	活化能	$J\ mol^{-1}$
F	进料速率	$mg\ L^{-1}\ s^{-1}$
F^*	单位进料速率	$mg\ L^{-1}\ s^{-1}$
$F(H_2O_2)/F(O_3)$	过氧化氢/臭氧投加量比	$mg\ mg^{-1}$
g	重力常数	$m\ s^{-2}$
h	高度	m
H	Henry 常数	$atm\ L\ mol^{-1}$

符号	说明	单位
H_C	Henry 常数（无纲量）	—
I^*	单位臭氧投加量	g O_3 g^{-1} DOC
I_0	吸收前光强度	—
I_1	吸收后光强度	—
k	膜传质系数	m s^{-1}
k'	反应速率常数，假一级	s^{-1}
k	反应速率常数，一级	s^{-1}
k	反应速率常数，二级	L mol s^{-1}
k_D	臭氧直接反应速率常数	L mol s^{-1}
k_G	气体膜传质系数	m s^{-1}
$k_G a$	气相单位体积传质系数	s^{-1}
k_L	液膜传质系数	m s^{-1}
$k_L a$	液相单位体积传质系数	s^{-1}
$K_L a$	总传质系数	s^{-1}
k_R	羟基自由基反应速率常数	L mol s^{-1}
l	吸收池内内部宽度	m
l_R	反应器长度	m
N	传质流量	mg m^2 s^{-1}
m	单位传质流量或物质流量	mg L^{-1} s^{-1}
MW(O_3)	臭氧摩尔质量（48）	g mol^{-1}
n	反应级数	—
n_{STR}	搅拌速率	s^{-1}
p	分压	Pa
$P_{abs.}$	压力，绝对	Pa
P_{gauge}	压力，表压	Pa
pK_a	离解常数	—
Q_G	气体流速	L s^{-1}
Q_L	液体流速	L s^{-1}
Q_{LC}	冷却水流速	L s^{-1}
r	反应速率	mg L^{-1} s^{-1}
r_G	气相中臭氧消耗速率	mg L^{-1} s^{-1}

r_L	液相中臭氧消耗速率	mg L^{-1} s^{-1}
$r(O_3)$	液相中臭氧消耗速率	mg L^{-1} s^{-1}
$r_A(O_3)$	液相吸收臭氧速率	mg L^{-1} s^{-1}
R_G	气相阻力	s
R_L	液相阻力	s
R_T	总阻力	s
$\mathscr{R}$	理想气体常数	J mol^{-1} K^{-1}
s	溶解度	—
t	时间	s
t_H	水利停留时间	s
t_R	反应时间	s
T	温度	℃ or K
T_L	液相温度	℃ or K
T_{LC}	冷却水温度	℃ or K
V_B	气泡体积	m^3
V_G	气体体积	m^3
V_L	液体体积	m^3
V_n	摩尔体积	L mol^{-1}
v_S	表面气体速率	m s^{-1}
y	气相摩尔分数	—
$Y(O_3/M)$	臭氧收益系数	g O$_3$ g^{-1} ΔDOC
*)		

希腊字母   **单位**

α	α因子	—
β	羟基自由基引发速率	—
ε	消光系数	L mol^{-1} cm^{-1}
η	污染物去除率	—; %
η	臭氧传质效率	—; %
λ	波长	nm
μ	离子强度	μS cm^{-1}
γ	运动粘度	kg m^{-1} s^{-1}

θ	温度校正因子	—
ρ	密度	kg m^{-3}
σ	表面张力	M m^{-1}
τ	反应半衰期（有时使用 $t_{1/2}$）	s

缩写

AlK	碱度
AOP	高级氧化过程
APM	氨水、过氧化氢、去离子水混合物
BC	鼓泡塔
BOD	生化需氧量
CFSTR	连续式罐式搅拌反应器
CL	化学发光
COD	化学需氧量
CSTR	完全混合罐式搅拌反应器
DBP	消毒副产物
DHF	稀氢氟酸
DI	去离子水
DOC	溶解有机碳
DPD	N，N-二乙基对苯二胺
ED	放电
EL	电解
EDOG	放电式臭氧发生器
ELOG	电解式臭氧发生器
FIA	流动注射分析
HPM	盐酸、过氧化氢、去离子水混合物
HPYR	2-羟基吡啶
I	引发剂、中间体
IC	集成电路
M	微污染物、化合物、底物
M	摩尔（mol L^{-1}）
NOM	天然有机物
OEBAC	臭氧强化生物活性炭
OME	油加工厂废水

P	促进剂、产物
PCE	四氯乙烯
PFA	全氟烷氧烃
POTW	公共污水处理厂
PTFE	聚四氟乙烯
PVA	聚氧乙烯
PVC	聚氯乙烯
PVDF	聚偏1,1-二氟乙烯
S	抑制剂、终止剂
SAC	光谱吸收系数
SC	标准清洗
SOM	硫酸、臭氧混合物
S_{PER}	选择性
SPM	硫酸、过氧化氢、去离子水混合物
ss	稳定态
STP	标准压力和温度
STPR	搅拌光化学反应器
STR	罐式搅拌反应器
TBA	叔丁醇
TCE	三氯乙烯
THM	三卤甲烷
TIC	总无机碳
TOC	总有机碳
TP	自来水
UPW	超纯水
UV	紫外线
WW	废水